ESA HORRIBLE CIENCIA

ESOS INSOPORTABLES SONIDOS

NICK ARNOLD

Ilustrado por
Tony de Saulles

EDITORIAL MOLINO

ESA HORRIBLE HISTORIA
Títulos publicados:
1 *Esos supergeniales griegos*
2 *Esos asombrosos egipcios*
3 *Esa bárbara Edad Media*
4 *Esos temibles aztecas*

Títulos en preparación:
5 *Esos despiadados celtas*
6 *Esos corruptos romanos*

ESA HORRIBLE CIENCIA
Títulos publicados:
1 *Huesos, sangre y otros pedazos del cuerpo*
2 *Esa caótica química*
3 *Esa repelente naturaleza*
4 *Esas funestas fuerzas*
5 *Esa impresionante galaxia*
6 *Esas mortíferas mates*
7 *Esa repugnante digestión*
8 *Esos insoportables sonidos*

ESA GRAN CULTURA
1 *Ese increíble arte*
2 *Esa alucinante música*
3 *Esas geniales películas*
4 *Esa fascinante moda*

Título original: *Sounds Dreadful*
Publicado por primera vez en el Reino Unido
por Scholastic Publications Ltd. en 1998
Traducción: Conchita Peraire del Molino

Publicado en lengua castellana por
EDITORIAL MOLINO
Calabria 166, 08015 Barcelona
Dep. Legal: B. 38.592/98
ISBN: 84-272-2058-8

Impreso en España Printed in Spain

LIMPERGRAF, S. L. — Mogoda, 29-31 — Barberà del Vallès (Barcelona)

Sumario

Introducción 5

El sonido 8

Problemas de oído 21

Las veloces ondas sonoras 40

Ruidos ensordecedores 60

La ruidosa naturaleza 69

Reverberaciones misteriosas 78

Los terribles sonidos del cuerpo 92

Los terribles asesinatos musicales 114

Los insoportables efectos sonoros 133

Grabaciones deficientes 144

Se acabó el ruido 156

Nick Arnold escribe libros desde su adolescencia, pero nunca soñó con alcanzar la fama por escribir sobre sonidos insoportables. Su investigación le llevó desde cantar en la ducha y gritar a pleno pulmón, a tratar de descifrar la lírica y las canciones pop, con lo que ha disfrutado cada minuto de su trabajo.

Cuando no está metido en *Esa horrible ciencia*, dedica su tiempo libre a la enseñanza de adultos en un instituto. Sus aficiones favoritas son comer pizza, montar en bicicleta e inventar chistes malos (aunque no todo al mismo tiempo).

Tony de Saulles cogió los lápices de colores cuando aún llevaba pañales y desde entonces no ha parado de garabatear. Se toma tan en serio *Esa horrible ciencia* que incluso se brindó a investigar si las serpientes oyen. Afortunadamente, sus heridas no fueron graves. Cuando no está con su bloc de dibujo, a Tony le gusta escribir poesía y jugar al squash, aunque todavía no ha escrito ningún poema sobre este deporte.

Introducción

Escucha esto:

Cuanto más joven es uno, más RUIDOSO es. A los bebés les encanta hacer ruido.

Y a los niños también.

Y a los adolescentes: ¡cuanto más fuerte la música, **más genial!**

Pero, a medida que crece, la gente madura, se tranquiliza y es más silenciosa. A tus padres no les parece que cuanto MÁS

FUERTE mejor, sino que cualquier ESTRUENDO suena mal. ¡Sobre todo si el ruido lo haces TÚ!

De modo que lo mejor será que leas este libro en *si-len-cio.*

¿Y sabes una cosa? Los profesores *aún son peores.*

De hecho, el único sonido con el que los profesores parecen disfrutar es el de su propia voz. Oídos sordos a las cosas aburridas, como por ejemplo: la ciencia. Y para que se te quiten las ganas de hacer ruido, los profesores te documentan sobre el sonido en clase de ciencia.

Suena espantoso, ¿verdad?, lo de las vibraciones moleculares. Pero si lees lo que sigue sin chistar, verás cómo se te aguza el oído:

- Una sola nota puede romper un cristal.

- El sonido puede hacer que tus ojos giren en sus órbitas.

- El sonido atonta e incluso mata a las personas.

Y eso no es todo. Este libro está lleno de datos acerca del mundo de los sonidos insoportables: desde campanas que pueden hacer estallar tus vasos sanguíneos, hasta armas sónicas capaces de hacerte ir corriendo al lavabo. Después de leerlo todo, podrás dar la campanada en clase de ciencia para tu propia satisfacción. Es probable que te escuchen atentamente.

¡Y quién sabe, tal vez llegues a destacar en la ciencia! Una cosa es segura: el mundo ya no volverá a *sonarte* como antes. Y ahora que eres todo oídos, pasa la página.

¿Qué tienen en común...?

a) Tu hámster preferido.

b) Tu profesor de ciencias.

c) Y una orquesta de sesenta instrumentos.

¿Te das por vencido?

No, la respuesta *no es* que todos comen queso. La solución correcta es que todos utilizan *el sonido* para llamar tu atención. La orquesta necesita el sonido para tocar una sinfonía, el ratón ha de chillar y tu profesor de ciencias, bueno, imagínate que no existiera el sonido. No podrías escuchar las aburridas lecciones de ciencias. Y nunca te podría echar de clase. ¡Pues vaya chollo!

Para los animales, el sonido también es vital porque, al igual que nosotros, lo utilizan para transmitirse mensajes. Imagínate lo que ocurriría si tu perro no pudiera gimotear cuando llega la hora de «su paseo». Podrías olvidarte de sacarlo y...

Habla como un científico

Los científicos tienen un lenguaje propio que sólo ellos entienden, Ahora tienes ocasión de aprender algunas palabras clave.

Y después asombrarás a tus amigos y harás callar a tu profesor con el poder de la palabra.

Enorme AMPLITUD

Significa la potencia del sonido. Las ondas sonoras más fuertes emiten sonidos más potentes o de mayor amplitud. La palabra amplitud viene de «amplio» que también significa GRANDE. ¿Seguimos?

FRECUENCIA fantástica

Frecuencia significa el número de vibraciones por segundo que produce un sonido. Pueden ser rapidísimas. Por ejemplo. El chirrido de un murciélago produce ¡200.000 vibraciones por segundo! Cuando la frecuencia es mayor, el sonido es más agudo y penetrante. Por eso los murciélagos prefieren chillar en vez de gruñir. A propósito, la frecuencia se mide por hercios (o ciclos por segundo). De modo que, cuanta mayor frecuencia, más hercios (Hz).

Dar la NOTA

No, eso no tiene nada que ver con exhibirse cuando no viene a cuento. Una nota es un sonido con sólo una frecuencia (para confundirte, la mayoría de sonidos tienen montones de frecuencias todas mezcladas). Puedes producir una nota o un tono puro golpeando un instrumento especial llamado diapasón (tiene forma de horquilla) contra una superficie lisa.

DIAPASÓN
PROFESORA DANDO EL TONO EN EL AULA DE MÚSICA.
HORQUILLA
PROFESORA DE MÚSICA PONIÉNDOSE A TONO EN EL JARDÍN.

RESONANCIA vibrante

Esto ocurre cuando las vibraciones alcanzan un objeto con una determinada frecuencia que hace que el objeto vibre también. Las vibraciones se hacen cada vez más fuertes y el sonido aumenta y aumenta hasta resultar ensordecedor. (Para más detalles, mira la pág. 28.)

Espectaculares ARMÓNICOS

Todos los sonidos se componen de armónicos. Mientras los armónicos sean múltiplos de la misma frecuencia, todo va bien y tu profesora de música estará contenta. De lo contrario, resulta un sonido muy, *muy* desagradable. La armonía de los armónicos es la base de casi toda la música.

¿Lo has pescado? Esto te dará algo que gritar en tu próxima clase de ciencia. Pero aquí tienes algo con lo que podrás hacer más ruido todavía. Imagínate que TÚ te has convertido en una estrella del pop.

Ahora es tu oportunidad.

¿Te gustaría ser una estrella del pop?

No se requieren demasiadas aptitudes para serlo. Aunque el talento ayuda, no es imprescindible con tal de que te guste cantar y bailar. TÚ podrías ser la última y más excitante sensación de la música pop. Pero has de prepararte para grabar tu primer disco de éxitos. Para averiguar cómo, sigue leyendo.

Para mostrarte la parte técnica del negocio, hemos contratado al mejor disjockey, y a la vez productor de discos, Pepe Sonoro. (¡Ha costado un montón de pasta!) Y para que nos explique lo básico sobre el sonido que toda estrella del pop necesita saber, hemos recurrido a la científica Sandra Losabe.

¿Te gustaría ser una estrella del pop? Primer paso: Sistemas de sonido

Silencio a toda prueba

Cuando grabas un disco de éxito, no querrás que recoja el sonido de la TV del vecino. El estudio de grabación de Pepe está dotado de un aislamiento de alta tecnología para evitar los ruidos inoportunos.

De acuerdo, pero no son más que envases de huevos de cartón recubiertos de placas de yeso.

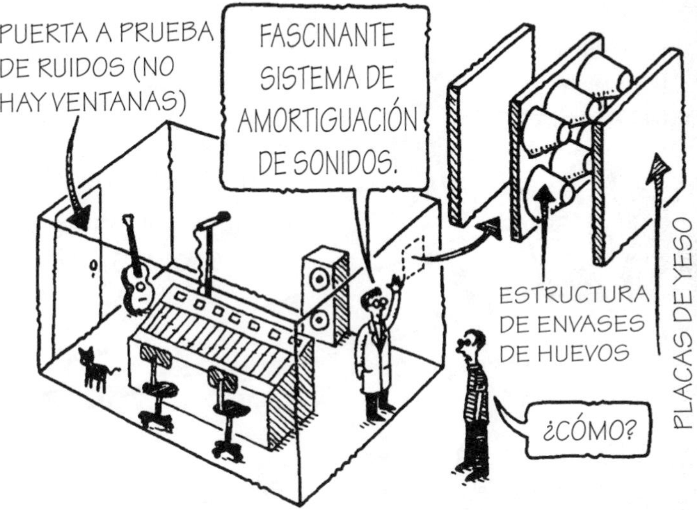

El blando cartón absorbe las vibraciones como una cómoda almohada. Y allí se pierden, y por eso hay tanto silencio en el estudio, excepto cuando Pepe abre su bocaza.

El poderoso micrófono

Esto es todo lo que necesitas para cantar o tocar un instrumento. Tendrás que acercarte mucho a él, de modo que puedes llamarle micro para abreviar.

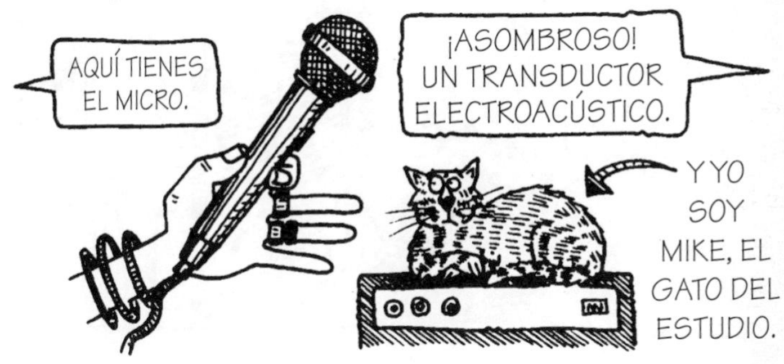

AQUÍ TIENES EL MICRO.
¡ASOMBROSO! UN TRANSDUCTOR ELECTROACÚSTICO.
Y YO SOY MIKE, EL GATO DEL ESTUDIO.

Lo que Sandra quiere decir es que el micrófono transforma el sonido en impulsos eléctricos. De esta manera...

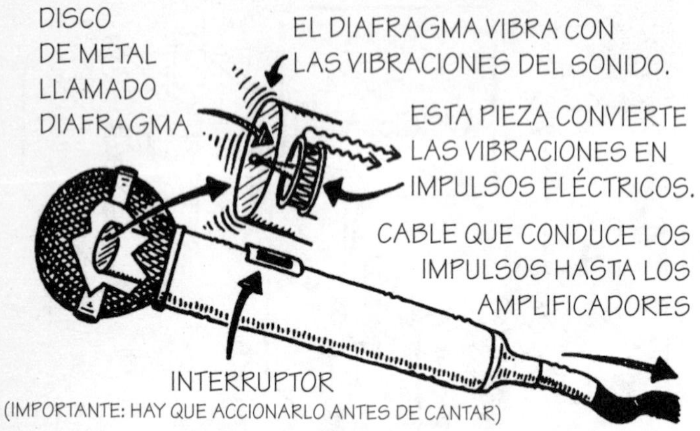

Amplificadores y altavoces

Un micrófono *solo* resultaría inútil. Gracias al micro, el sonido de tu fabulosa canción está ahora en forma de impulsos eléctricos. Y tú no puedes oírlos, ¿verdad? Bien, quizá sí que podrías, pero sería tan emocionante como escuchar un secador de pelo. De modo que necesitas un altavoz para que convierta las vibraciones en tu maravillosa canción. Y un amplificador hace que se oiga con suficiente potencia. A veces con demasiada.

SI, ME ENTRAN BUENAS VIBRACIONES.
Y A MÍ ME ENTRA DOLOR DE CABEZA.
ALTAVOZ

PROBANDO, UNO, DOS, TRES PROBANDO, UNO, DOS, TRES PROBANDO.
LOS TRANSISTORES AÑADEN POTENCIA A LA DÉBIL CORRIENTE ELÉCTRICA DEL MICRO.
RUIDO MUY FUERTE
LA CORRIENTE ELÉCTRICA LLEGA A UN ELECTROIMÁN QUE VIBRA POR CULPA DE LAS CORRIENTES.
LAS VIBRACIONES MUEVEN EL CONO DE PLÁSTICO PARA CONSEGUIR MÁS POTENCIA.
ASÍ QUE TÚ TIENES UN WOOFER. PUES YO TENGO UN TWEETER.

Expresiones fatales

Pepe y Sandra hablan de lo suyo.

¿Están hablando de sus perros?

Respuesta: No. Están hablando de altavoces. Un *woofer* es un altavoz que sólo emite sonidos graves. Un *tweeter* es un altavoz que sólo emite (acertaste) sonidos agudos.

¿Aún quieres ser una estrella del pop? Pepe y Sandra volverán más tarde para darte más consejos sonoros.

Test de sonido para animales temibles

Imagínate que eres un animal pequeño. ¿Qué harías en las situaciones siguientes? Recuerda que tu decisión es de vida o muerte. Si eliges mal, puedes acabar siendo la sabrosa merienda de una criatura de mayor tamaño.

1 Eres una zarigüeya (un animal pequeño cubierto de pelo que se agarra con la cola a las ramas de los árboles en donde vive) y te encuentras con una rana chillona brasileña. La rana grita (por eso se llama así, ¿qué raro no?) ¿Qué haces?

a) Comerte a la rana. Se necesita algo más que un grito para asustarte.

b) Huir. La rana te advierte que se aproxima un animal peligroso.

c) Retroceder. La rana te dice que es venenosa para que no te la comas.

2 Eres una ardilla de Norteamérica. En tu madriguera hay una serpiente de cascabel que va detrás de tus crías. Tú no la ves, pero oyes su siniestro cascabeleo que suena (¡oh, sorpresa!) muy agudo y pausado. ¿Qué haces?

a) Salir corriendo. El cascabeleo te advierte que la serpiente es grande y venenosa. Y las crías ¿qué? ¡Ya se apañarán!
b) El cascabeleo lento significa que la serpiente se mueve despacio. De modo que tienes tiempo de excavar un túnel para ti y tus crías.
c) Atacar a la serpiente. El cascabeleo indica que la serpiente es pequeña y está bastante cansada. Así que puedes ganar la pelea.

3 Eres un avefría (un pájaro) que vive en un pantano. Oyes el potente graznido de un ganso. ¿Qué haces?

a) Vas en busca de pescado. La llamada te anuncia que hay pescado cerca.

b) La llamada es una advertencia. Hay una bandada de cuervos que quieren comerse a tus crías. Te unes a un pelotón de otras avefrías para expulsar a los invasores.

c) Nada. El grito te avisa de que se acerca lluvia y, por ser un pájaro de pantano, no te asustan unas gotas de agua.

Respuesta: 1a) La rana es muy sabrosa (es decir comparada con las ranas corrientes). Sólo grita para que te apartes mientras ella salta para ponerse a salvo. **2c)** El tono agudo del cascabeleo te dice que la serpiente es muy pequeña. Un cascabeleo lento significa que la serpiente está cansada y adormilada. Tú quieres proteger a tu prole, de modo que te dispones a luchar. (Si hubieras respondido **a**), te avergonzarías de ti mismo). **3b)** Es un aviso. ¡Prepárate para pelear! Me parece que van a volar plumas.

¡A que no lo sabías!

Los seres humanos también utilizan sonidos para comunicarse. ¿Eso ya lo sabías? Bien, apuesto a que no sabías que la voz humana puede emitir más sonidos diferentes que la de ningún otro mamífero. Eso es porque puedes mover la lengua en muchos sentidos para formar montones de sonidos raros y maravillosos. Intenta hacer algunos ahora mismo.

¿Te atreves a descubrir los sonidos que te rodean?

Necesitarás:

A ti mismo.

Un par de orejas (con suerte puede que ya las tengas; las encontrarás pegadas a ambos lados de tu cabeza).

Cómo debes hacerlo:

1 Nada.

2 Quédate quieto y escucha.

¿Qué notas?

a) Nada. Y resulta bastante aburrido al cabo de media hora.
b) Empiezo a oír toda clase de ruidos que antes no había notado.
c) Oigo ruidos extraños dentro de mi cuerpo.

Respuesta b) y posiblemente c). A nuestro alrededor hay toda clase de sonidos, muchos sonidos cotidianos de los que no nos damos cuenta. Notarás que el gato del vecino juega con una pelota, que tu abuelo está sirviéndose un vaso de vino o a un gorrión que gorjea medio afónico. Si no oyes ningún sonido, siempre oirás tu propia respiración (si no respiras, es una buena idea que consultes al médico).

Sonidos terribles: Ficha de datos

NOMBRE: Sonido

DATOS MÁS IMPORTANTES: Lo que llamamos «sonido» en realidad es una oscilación (llamada vibración) de esas diminutas partículas llamadas moléculas que hay en el aire. Esto produce ligeros cambios de presión que detectamos a través de nuestros tímpanos.

LOS DETALLES DESAGRADABLES: Un ruido fuerte, como por ejemplo un grito, puede provocar avalanchas cuando la fuerza del sonido desestabiliza una masa enorme de nieve. Durante el invierno de 1950-51, los aludes enterraron en Suiza a más de 240 personas vivas.

¡VAMOS!

EN ESTA ÉPOCA DEL AÑO NO HAY ALUDES... ¡EH, CUIDADO! ¡LO SIENTO!

VEN AQUÍ, OREJITAS, QUE LEEREMOS EL CAPÍTULO SIGUIENTE.

PROBLEMAS DE OÍDO

Los murciélagos, saltamontes y los humanos tienen algo en común. El oído. La mayoría de las veces no nos fijamos en nuestras orejas. Bueno, a menos que tengan algo raro.

¿QUÉ ESTÁIS MIRANDO?

Pero pronto te darías cuenta si las tuyas no funcionaran bien y, por supuesto, si no oyeras bien, lo notarías porque en tus orejas hay un asombroso complejo de ingeniería. Escucha:

Expresiones complicadas

Dos médicos están en el teatro. ¿Pero pueden oír la obra que se representa?

¡AAAAAY!
MIS OSÍCULOS AURICULARES AGITAN MIS VENTANAS OVALES.

¿Y eso duele?

Respuesta: Por lo general, no. Ella se refiere a que los pequeños huesos del oído medio vibran y transmiten las vibraciones desde el tímpano a la «ventana oval», que es la entrada al oído interno. De modo que su respuesta debió haber sido «Sí». ¿Todavía confuso? Pues aplica la oreja a lo que sigue:

Cómo penetran los sonidos en tu cabeza

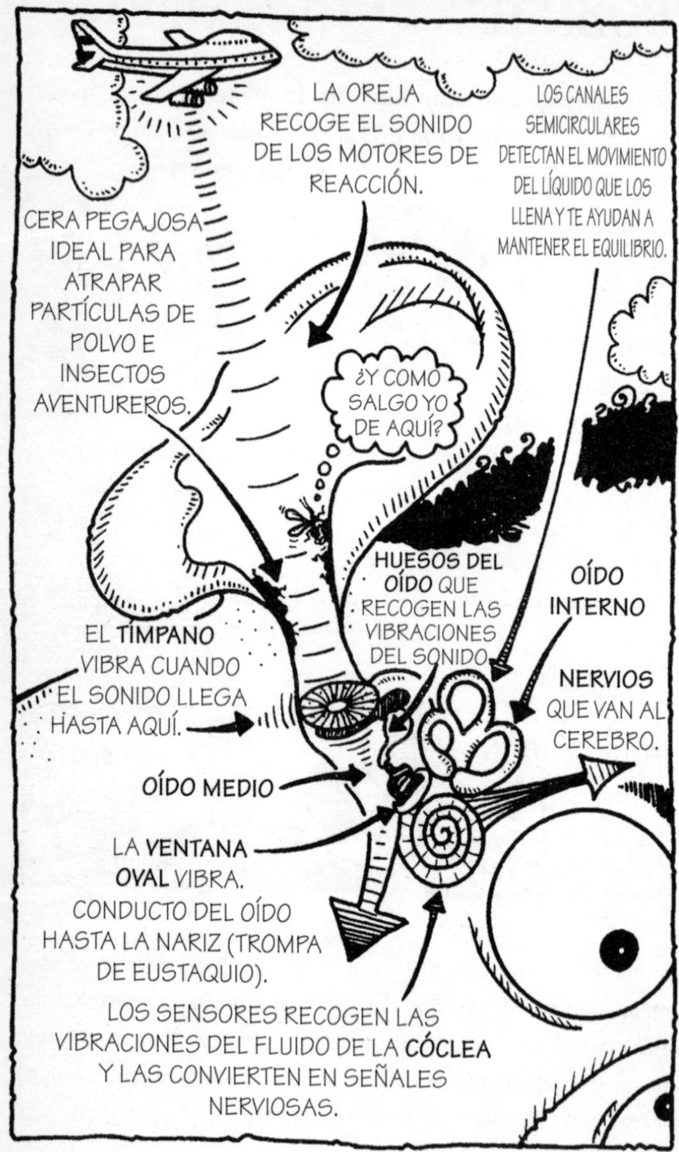

Y aquí tienes el oído en acción

Imagínate que un repelente insecto despistado, pongamos una mosca, se mete en tu oído. He aquí lo que vería:

1 El canal del oído externo (para ti, el agujero de la oreja).

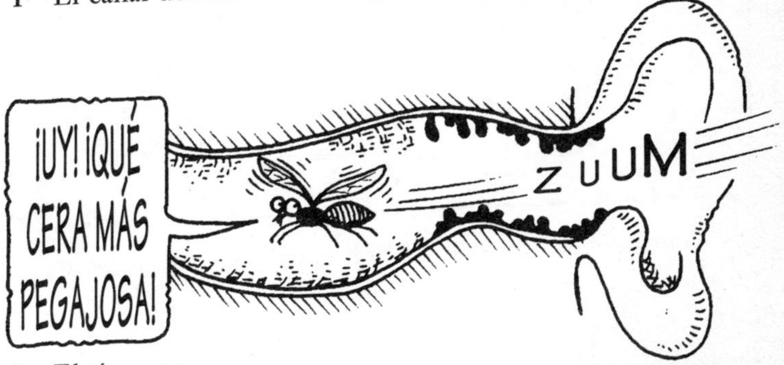

2 El tímpano

3 Mientras, en el oído medio los huesos vibran con un castañeteo al transmitir el irritante zumbido de la mosca.

¿Ves de donde vienen los nombres?

4 Los canales semicirculares

Los científicos utilizan la palabra «canal» para designar cualquier espacio estrecho y largo del cuerpo.

5 Cóclea

Esta mosca es un genio. De ahí es donde viene el nombre.

6 Y los nervios envían mensajes eléctricos al cerebro.

¿Te gustaría ser un científico?

¿Te gustaría ser un buen científico del sonido? Intenta predecir los resultados de estos experimentos sonoros. Si los aciertas, puedes estar seguro de que tienes algo que gritar al respecto.

1 Los científicos han descubierto que nuestra audición es más aguda para los sonidos de cierta frecuencia. ¿Qué sonidos oímos con más claridad?

a) Sonidos fuertes.

b) El ruido de una moneda al caer al suelo.

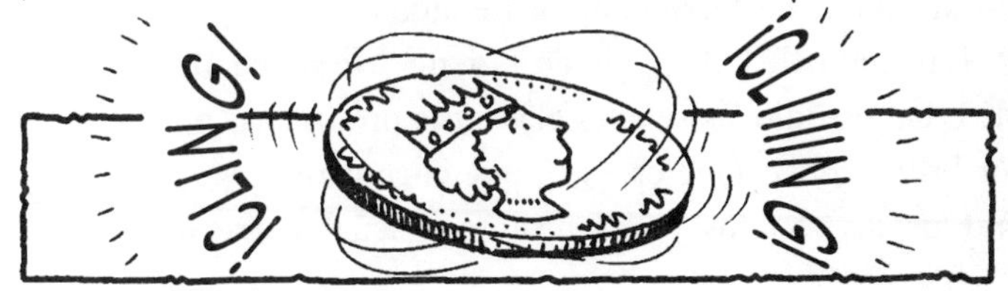

c) La voz de la profesora.

2 Cada instrumento musical suena distinto aunque den la misma nota. Algunos producen un suave murmullo y otros más bien un cascabeleo o un estruendo. Esto es debido al patrón único de los armónicos que emite cada instrumento, lo cual se lla-

ma timbre. El científico Steve McAdams quiso averiguar si las personas podían percibir esas diferencias. ¿Qué descubrió?

a) La gente no sabe captar las diferencias, Dicen que a ellos todos los instrumentos les suenan igual.

b) Las personas los distinguen muy bien. Supieron distinguir cada instrumento a pesar de que Steve utilizó el ordenador para borrar casi todas las diferencias de timbre.

c) El experimento tuvo que suspenderse cuando los voluntarios sufrieron un terrible dolor de oído.

3 Un científico de la Facultad de Medicina de Harvard, EE.UU., estudió las señales eléctricas producidas en el cerebro por los sonidos. ¿Qué crees tú que encontró?

a) Que los sonidos puros producen señales irregulares en el cerebro.

b) Que todos los sonidos producen señales regulares.

c) Que los sonidos puros producen señales regulares y los ruidos discontinuos señales irregulares.

Respuesta: 1c) Triste, pero cierto. Los científicos han descubierto que el oído es más sensible a los sonidos de 500 a 3000 Hz, que es la gama de frecuencias de una persona al hablar. Claro que tú puedes oír a tus amigos con la misma claridad que a un profesor, pero charlar en clase de ciencias no es recomendable, a no ser que quieras que tu profesor te tire de las orejas. 2b) Y no sólo eso, ya que tu cerebro reconoce un sonido en una vigésima de segundo. Podemos identificar un sonido en particular porque recordamos haberlo oído en el pasado. 3c) Sí, los nervios de tu cerebro producen señales eléctricas como respuesta a los sonidos que recogen tus oídos. Si los ruidos son discontinuos e irregulares, las señales que recibe el cerebro lo son también.

¡A que no lo sabías!

Diana Deutsch, profesora de psicología de la Universidad de California, estudió cómo tus oídos oyen las distintas notas. Tocaba distintas notas en cada oído de un voluntario.

Sorprendentemente, incluso cuando tocaba una nota aguda en el oído izquierdo, el voluntario decía que la oía en el derecho. El experimento demostró que el oído derecho «quiere» oír notas más agudas que el izquierdo. Es curioso, ¿verdad?

Es horrible ser duro de oído

Pero, claro está, estos experimentos dependen de un factor vital: el oído. En primer lugar el voluntario tiene que oír los sonidos, y algunas personas no pueden.

Detalles desagradables: Ficha de datos

NOMBRE: Sordera

DATOS MÁS IMPORTANTES: Cerca de un 16% de personas no tienen un oído perfecto. Una de cada veinte tienen dificultades para oír una conversación.

LOS TERRIBLES DETALLES:

1 La sordera puede ser causada por escuchar música demasiado fuerte. Esto acaba por destruir las terminales nerviosas que se conectan a la cóclea. Será mejor que se lo grites a tus ruidosos hermanos mayores.

2 Una enfermedad puede dañar el oído. Se puede padecer una sordera temporal cuando el oído medio se infecta y se llena de pus. ¡Ay!

3 A medida que las personas se hacen mayores, los sensores de la cóclea mueren. Por eso tienes que gritarle a tu abuelita cerca de la oreja.

ABUELITA, GRACIAS POR EL NUEVO PIJAMA.
¿A LAS BAHAMAS, DICES? ¡QUÉ BIEN! ¡VOY A HACER LA MALETA!

Ayudas útiles para oír mejor

Hoy en día la sordera puede mejorarse con aparatos o con implantes en la cóclea. Una buena ayuda es un micrófono miniatura conectado a un amplificador que aumenta el sonido. Un implante en la cóclea es un diminuto receptor de radio que se coloca bajo la piel y que recibe las señales de radio de un aparato colocado detrás de la oreja. El implante convierte entonces las señales en impulsos eléctricos que envían señales por los nervios hasta el cerebro. Magnífico, eh?

¡A que no lo sabías!

En EE.UU., un hombre llamado Henry Kock se quejaba de que oía música dentro de su cabeza. Las pruebas demostraron que un trocito de carborundo (carburo de silicio), una sustancia negra y dura que se emplea en la fresas de dentista, se había quedado en uno de sus dientes. Como los cristales del carborundo captan la energía de las ondas de radio emitidas por un transmisor que esté cerca, el pobre hombre pensó que imaginaba la música.

¿OTRA VEZ CON DOLOR DE MUELAS, SEÑOR PÉREZ?
¡NO! ¡DE CABEZA!

Antes de que se inventaran las ayudas modernas para oír mejor, en 1900 la gente tenía que arreglárselas con...

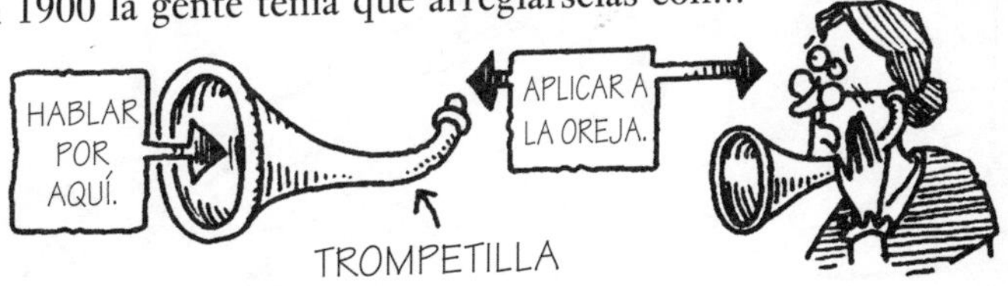

Tú gritas en la trompetilla. Las vibraciones no pueden escapar de ella, sino pasar al oído de tu abuela, de tal manera que tu voz la oye más fuerte.

¿Pero cómo puede afectar la sordera a un compositor de música? ¡Una persona para quien el oído es lo más importante del mundo! Por ejemplo, alguien como el compositor alemán Ludwig van Beethoven (1770-1827).

Oír para creer

Algunas personas le llamaban genio, otras loco y unas pocas cosas peores. Se inspiraba escuchando los sonidos del campo, el murmullo de los arroyos, las tormentas y los cantos de los pájaros. Compuso sinfonías y conciertos conmovedores, reflejo de sus apasionados sentimientos acerca de la vida y el arte. El oído le había hecho lo que era.

Pero, en 1800, Beethoven empezó a notar un zumbido en los oídos y, durante los veinte años siguientes, su oído falló. Se vio forzado a probar una gran variedad de trompetillas de distintas formas. Su sordera pudo ser causada por una enfermedad de los huesos del oído medio.

Los tratamientos que siguió fueron inútiles:

- Baños fríos en ríos apestosos.

- Echar aceite de almendras en sus oídos.

- Ponerse tiras de cortezas de cerdo en las orejas.

- Ponerse vendas apretadas en los brazos hasta que le salieron ampollas.

Beethoven no podía oír lo que decían los demás, por lo que escribía notitas a sus amigos y ellos le contestaban del mismo modo.

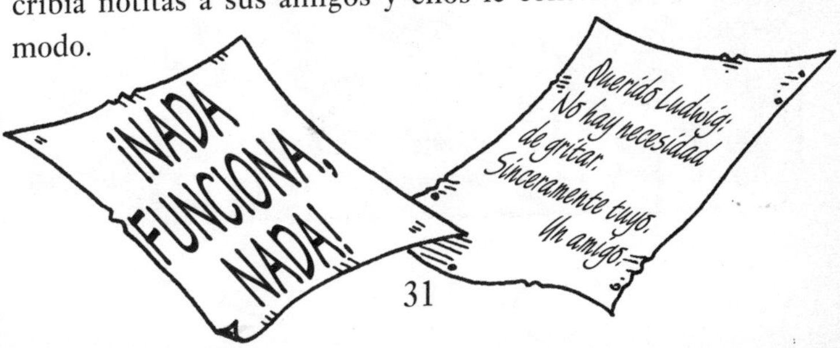

Daba clases de piano a su sobrino Karl y declaró que el muchacho era un portento. (¡Beethoven pensaba que debía serlo puesto que tenía el mejor profesor del mundo!) Fue una suerte que Beethoven no pudiera oír lo mal que tocaba el muchacho. La sordera le hizo muy desdichado. Incluso empezó a oler mal porque no se molestaba en lavarse ni cambiarse de ropa. Nunca se peinaba. (No sigas su ejemplo. Si dejas de bañarte no vas a convertirte en genio.)

Beethoven ya no oía lo suficiente para poder dirigir su propia música. Varios conciertos fueron rotundos fracasos porque dirigía la orquesta demasiado despacio.

Pero, por extraño que parezca, la sordera no afectó el trabajo de Beethoven como compositor. Algunos expertos opinan que incluso lo mejoró. Solía imaginarse cómo sonaría la música. Y tenía un truco especial que le ayudaba a «escuchar» el piano.

¿Te atreves a descubrir cómo se hace para «oír» como Beethoven?

Necesitarás:

Una goma elástica de 0,5 cm de ancha.

Un par de dientes, preferiblemente los tuyos.

ADVERTENCIA:
¡NO SUELTES LA GOMA DE GOLPE!

Cómo debes hacerlo:

1 Poner la goma tirante entre los dedos y pulsarla. Observarás qué fuerte es el sonido.

2 Pon un extremo de la goma entre los dientes y tira de ella. (¡No la sueltes!) Vuelve a pulsarla.

¿Qué notas?

a) Suena más fuerte que la primera vez.

b) Suena más fuerte la segunda vez.

c) La segunda vez da una nota más aguda.

Respuesta: b) Suena más fuerte porque las vibraciones del sonido pasan directamente a tu oído interno pasando por los huesos de tu cráneo que son muy buenos conductores de las vibraciones del sonido. Beethoven utilizaba del mismo modo un palillo de tambor que sujetaba entre los dientes para sentir las vibraciones del sonido del piano.

Para algunas personas, la vida es incluso más dura. Trata de imaginar lo que debe ser estar completamente ciego y mudo. Y si fueras un bebé ¿cómo ibas a aprender las cosas? Éste fue el reto para Helen Keller (1880-1968) que era sorda y ciega y no sabía hablar. He aquí cómo su profesora Annie O'Sullivan pudo haber contado su historia:

Un toque de magia

Boston, EE.UU., primavera de 1927

El joven reportero tenía prisa. Debía realizar el trabajo en el plazo fijado y el editor de *The Daily Globe* esperaba con impaciencia su relato.

–Bien, Annie, ¿puedo llamarla así? Usted fue la profesora de Helen durante muchos años. ¿Cómo era en realidad?

La anciana sonrió ligeramente.

–De pequeña era muy traviesa. Rompía los platos y metía los dedos en la comida de su padre. Además, pellizcaba a su abuela y la echaba fuera de la habitación.

El reportero enarcó una ceja y dejó de escribir en su bloc de notas.

–¿De manera que la famosa Helen Keller era una niña salvaje? No dudo de que nuestros lectores se sorprenderán.

–Helen no pudo oír ni ver después de una enfermedad que tuvo de pequeña. Sabía que la gente utiliza los labios para hablar y deseaba imitarles. Pero no podía porque no había aprendido a hablar. De modo que Helen se volvió mala. Volvía locos a sus padres. Su tío dijo que debían encerrarla en algún sitio.

La anciana tomó un sorbo de té.

–Apuesto a que sus padres se alegraron cuando apareció usted, una profesora de niños sordos.

–¡Sí, se alegraron! Desesperados, habían escrito a mi jefe en el hospicio para pedirle que enviaran a alguien y me encargaron a mí el trabajo. Pero Helen no se impresionó tanto. Recuerdo nuestro primer encuentro como si fuera ayer. Traté de abrazarla y se defendió como un gato salvaje.

El reportero se colocó el lápiz detrás de la oreja.

–De manera que Helen Keller era como un gato salvaje –se rió–. Supongo que le daría un cachete para mantenerla a raya.

La anciana le miró sorprendida. Y el platito de su taza tembló cuando la dejó en él.

–¡Oh, no! Ése no ha sido nunca mi estilo. Yo quería que Helen fuese mi amiga a la vez que mi alumna. Claro que a veces tuve que ponerme firme con ella.

–Sí, sí –la interrumpió el reportero–, pero lo que nuestros lectores quieren saber es cómo la enseñó usted. Quiero decir que ella no podía ver ni oír nada.

–Ése era el gran problema. Durante todo el día intenté que Helen me entendiera dándole toquecitos con el dedo en la mano. Era una especie de clave. Cada letra del alfabeto tenía un cierto número de toques. Pero Helen no lo entendía. Era desesperante.

–Pero para ella no significaba nada puesto que no sabía leer ni siquiera conocía el alfabeto.

–Sí, lo sé. Pero entonces pensé que Helen adivinaría que alguien intentaba establecer contacto, puesto que ella misma había inventado ya algunas señales. Por ejemplo, cuando quería helado fingía estremecerse.

El reportero tamborileaba con los dedos.

–De acuerdo, Annie. ¿Y cómo lo solucionó? ¿Cómo pudo llegar por fin a Helen?

–No tan deprisa, jovencito. Ya llegaremos a eso. Un día salimos a dar un paseo y llegamos junto a una mujer que estaba bombeando para sacar agua. Bien, tuve una inspiración. Puse las manos de Helen debajo del chorro de agua y pulsé la palabra A-G-U-A, dándole toquecitos en la mano. Helen reaccionó en seguida y entonces supe lo que tenía que hacer. Le hacía palpar, probar u oler las cosas. Por ejemplo, aprendió lo que era el mar vadeando por la orilla. Luego le dije lo que era con mi tabaleo. Sí, lo mismo que está usted haciendo ahora con sus dedos.

El reportero dejó de moverlos mientras Annie proseguía:

–Para Helen fue algo increíble, ¡Imagínese! Sumida en un mundo de silencio y oscuridad durante siete años y, de repente, un día te das cuenta de que alguien trata de establecer contacto contigo. Helen cambió como por arte de magia. Dejó de ser traviesa y trabajó de firme.

El periodista consultó su reloj. El tiempo transcurría velozmente. Necesitaba salpimentar la historia.

–Pero ahora Helen sabe hablar. Lo que nuestros lectores querrán saber es cómo logró usted enseñarle a hablar.

–Helen sabía que las cosas vibran para emitir un sonido. Podía sentir cómo mi garganta se movía al hablar. –Annie se llevó la mano a su cuello delgado de anciana–. Contratamos a una experta profesora de dicción, la señorita Fuller. Tocando la garganta, la lengua y los labios de la profesora, Helen descubrió cómo se movían. Luego lo imitaba ella misma.

–Las primeras palabras que dijo Helen fueron: «Tengo calor». Bueno, necesitó diez lecciones para aprender sólo eso. Pero Helen se aplicó y luego...

–Ustedes dos dieron la vuelta al mundo –le interrumpió el reportero mientras se abrochaba la americana–, y Helen dio un sin fin de conferencias sobre las necesidades de las personas que no pueden ver ni oír.

–Sí –repuso la anciana–, y todavía vivimos juntas. Doy gracias a Dios por tener a nuestra ama de llaves, Polly, que cuida de Helen la mayor parte del tiempo ahora que yo me voy haciendo mayor. A decir verdad, en estos momentos están en la ciudad. Han ido de compras.

El reportero disimuló un bostezo mientras la vieja dama continuaba.

–Permita que le diga que Helen es muy capaz a pesar de todo. Estoy segura de que habrá oído contar que Helen fue a la Universidad y se graduó. Por su propio esfuerzo, ¿sabe usted?

El reportero, impaciente, mordisqueaba su lápiz. Luego le dedicó una sonrisa forzada. Olfateaba lo que vendría.

–Es una historia asombrosa, Annie. Pero nuestros lectores ya han oído todo eso. «Profesora eficiente ayuda a una niña a descubrir el mundo». Pero tal vez haya otra vertiente. ¿Qué responde a los que opinan que Helen no era tan inteligente y que usted hizo todo el trabajo?

La anciana miró al joven sin pestañear y luego su rostro se llenó de furor.

–¡Ahí es donde se equivoca! –declaró con fiereza–. Fue Helen la que aprendió. Sí, Helen es muy inteligente, ¡pero no es ésa la cuestión! Verá usted, ahora la ciega soy yo. En realidad apenas veo. Pero he llegado a la conclusión de que toda persona corriente, aunque no pueda ver u oír, es capaz de hacer cosas sorprendentes. Eso me lo ha enseñado Helen Keller.

El reportero se quedó estupefacto, pero su mente seguía fija en la historia.

–Personas corrientes capaces de hacer cosas asombrosas.

«Hum, me gusta», pensó mientras cerraba su bloc. Sería un buen titulo para su historia.

De modo que esto es el oído para ti: diminutas vibraciones del aire que percuten en los huesos de tu oído. Las ondas sonoras parecen inofensivas, ¿verdad? Pues no. La verdad es que pueden ser terribles. Pueden romper ventanas y edificios y hacer migas un avión. Ahora vamos a tener un vuelo movidito, ¡de manera que abróchate el cinturón y prepárate para una ligera TURBULENCIA!

LAS VELOCES ONDAS SONORAS

Dediquemos un gran aplauso a este capítulo. ¿Notas algo? Cuando aplaudes, el ruido que oyes es una onda sonora. Las ondas sonoras te rodean continuamente.

Salen zumbando hacia afuera, como los círculos de un estanque en calma, cuando tiras una piedra en el centro. Pero no todas las ondas sonoras son iguales.

Terribles sonidos: Ficha de datos

NOMBRE: Ondas sonoras

DATOS MÁS IMPORTANTES: Una onda sonora se produce cuando las diminutas moléculas del aire chocan entre sí y vuelven a separarse. Mientras se separan, algunas moléculas chocan contra otras más lejanas, con lo cual se forma una onda de moléculas viajeras que se mueven hacia afuera como las ondas de aquel estanque.

LOS TERRIBLES DETALLES: No es seguro permanecer junto a una campana grande cuando suena. Las poderosas ondas sonoras de la enorme campana de Notre Dame, la Catedral de París, pueden romper los vasos sanguíneos de tu nariz. Algunos visitantes han sufrido desagradables hemorragias nasales.

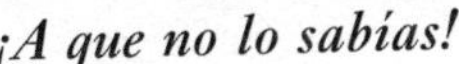

¡A que no lo sabías!

Sólo puedes oír el sonido cuando hay aire u otro elemento alrededor que transmita las ondas sonoras. En el espacio vacío no se oye nada porque no hay aire. De modo que, si te atacase un monstruo extraterrestre en el espacio ¡nadie podría oír tus gritos!

Los científicos utilizan una máquina asombrosa llamada osciloscopio para medir las ondas sonoras, las cuales mueven un haz de electrones (diminutas partículas de energía) que puede dibujar las ondas en una pantalla.

Así son las ondas sonoras:

La onda sonora aparece como una curva en zigzag. Cuando mayor es la oscilación, mayor es la amplitud (potencia).

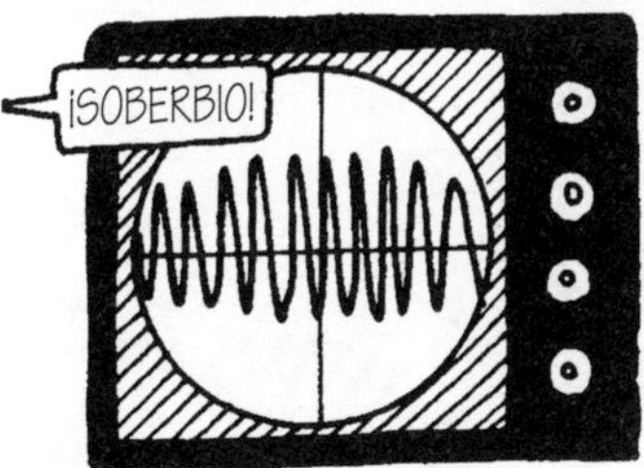

Vibraciones más rápidas = oscilaciones más juntas = frecuencia más alta = sonido más agudo.

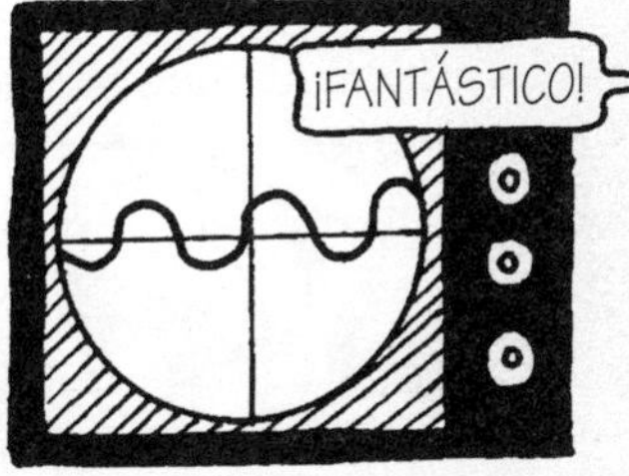

Vibraciones más lentas = oscilaciones más separadas = frecuencia más baja = sonido más grave.

Frecuencia fantástica

La frecuencia se mide en hercios (Hz), que son vibraciones por segundo, ¿recuerdas? (ver pág. 9.) Tus asombrosos oídos pueden recoger sonidos de baja frecuencia, desde 25 vibraciones por segundo ¡hasta unas 20.000 ensordecedoras vibraciones por segundo!

En los sonidos de alta frecuencia se incluyen:

- El chillido de un ratón.

- El grito del humano después de ver el ratón.

- La cadena de una bicicleta que necesita una gota de aceite.

Entre los sonidos de baja frecuencia se incluyen:

- El gruñido de un oso.

- Tu papá gruñendo por la mañana.

- Tu estómago gruñendo antes de comer.

¡A qué no lo sabías!

Las cosas pequeñas vibran más rápidamente. Por eso emiten sonidos de más alta frecuencia que las cosas grandes. Por eso tu voz suena más aguda que la de tu papá, y el violín es más agudo que el contrabajo.

A medida que vas creciendo, las cuerdas vocales de tu garganta crecen también y por eso tu voz se hace más grave.

¿Te atreves a descubrir cómo puedes ver las ondas sonoras?

Necesitarás:

Una linterna.

Un trozo grande de película transparente.

Un molde de tarta sin base.

Una gran banda de goma elástica.

Cinta adhesiva.

Un trozo de papel de aluminio.

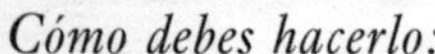

Cómo debes hacerlo:

1 Estira la película transparente sobre un lado del molde. Sujétalo con la banda elástica como se indica en el dibujo.

2 Utiliza la cinta adhesiva para sujetar en el centro de la película transparente el trozo de papel de aluminio como se indica.

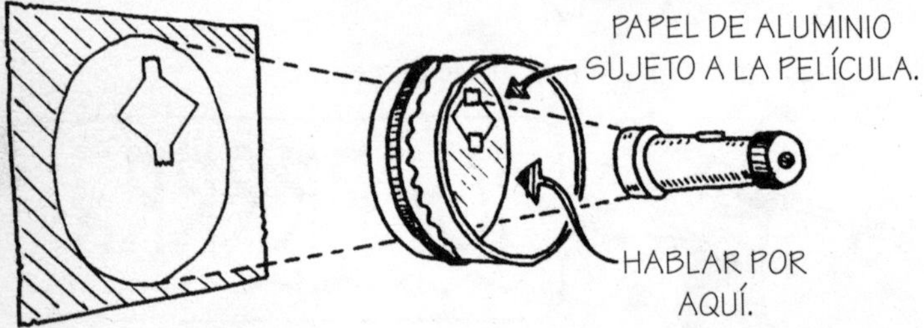

3 Habitación a oscuras.

4 Colocar la linterna encima de una mesa de modo que la luz se refleje en la pared gracias al pedazo de papel de aluminio.

5 Habla por el lado abierto del molde.

¿Qué observas en el reflejo de la luz?

a) Que oscila.

b) Que permanece inmóvil.

c) El reflejo de la luz aumenta o disminuye según lo fuerte que suene tu voz.

Respuesta: a) Las ondas sonoras de tu voz hacen vibrar la película transparente y el pedazo de papel de aluminio. La luz reflejada en la pared oscila siguiendo las vibraciones.

Pon a prueba a tu profesor

Aquí tienes la oportunidad de apabullar a tu profesor. Pídele que diga si cree que cada pregunta es VERDADERA o FALSA y ahora viene lo difícil: pídele que explique el porqué.

Nota importante: Habrá dos puntos por cada respuesta correcta. Pero a tu profesor sólo le darás uno si sólo acierta la respuesta.

1 Se puede escuchar un concierto debajo del agua aunque estés al otro extremo de la piscina. VERDADERO/FALSO.

2 Se puede utilizar el sonido para contar el número de veces que una mosca bate sus alas durante un segundo. VERDADERO/FALSO.

3 Se pueden oír los sonidos más rápidamente los días calurosos. VERDADERO/FALSO.

4 Si vivieras en una caja de plomo no podrías oír ningún sonido del exterior. VERDADERO/FALSO.

Respuestas: 1 VERDADERO. El sonido viaja con facilidad a través del agua. Por eso se oye mejor la pulsación de una goma elástica debajo del agua. Las ondas sonoras pasan a través de las moléculas del agua del mismo modo que a través de las moléculas del aire. Pero el concierto sonaría apagado porque el agua presionaría tus oídos e impediría que tus tímpanos vibrasen con normalidad. (Puedes hacer que esta pregunta tenga truco y decir que la respuesta es FALSA porque nadie puede aguantar tanto rato sin respirar. **2** VERDADERO. Los científicos conocen el número de vibraciones por segundo de cada nota musical. Todo lo que tienen que hacer es encontrar una nota que suene igual que el batir del ala de una mosca. El ala se moverá a la misma frecuencia. Utilizando esta técnica, los científicos han descubierto que una mosca casera aletea 352 veces por segundo. **3** VERDADERO. Cuando el aire es más cálido, las moléculas tienen más energía y se mueven con mayor rapidez, pero el sonido sólo viaja un 3 % más deprisa, de modo que probablemente no notarías la diferencia. **4** FALSO. El sonido pasa con facilidad a través del metal sólido. Pero pasa más despacio por el plomo comparado con el acero: 4319 km/h comparado con 18.111 km/h en el acero. Pero aún así podrías oír el sonido con claridad.

Resultado de la puntuación de tu profesor

7-8 puntos. Significa BIEN.

a) Tu profesor es un genio. Es una lástima que él o ella desperdicie su talento ejerciendo de profe. Nos hallamos ante un material digno de un Premio Nobel. O bien...

b) Es muy probable que ya hayan leído este libro, en cuyo caso quedan descalificados por copiar.

5-6 puntos. Justito, pero no está del todo mal. El término medio para un profesor.
1-4 puntos. Tu profesor puede dar la impresión de saber algo pero necesita hacer muchos más deberes en casa.

¿Te gustaría ser un científico?

Uno de los efectos sonoros más asombrosos fue descubierto por un científico austríaco llamado Christian Doppler (1803-1853). Pero en 1835 el joven Doppler estaba desesperado, desanimado y acabado. No lograba encontrar trabajo. De modo que vendió sus pertenencias y se dispuso a partir hacia América.

En el último minuto le llegó una carta ofreciéndole un empleo como profesor de matemáticas en la Universidad de Praga (ahora es la República Checa). Esto fue un golpe de suerte, porque allí descubrió lo que es conocido como el efecto Doppler.

Doppler experimentó que, al emitir un sonido en movimiento, siempre cambia la frecuencia del mismo modo. Ése es el efecto Doppler. A medida que las ondas sonoras se aproximan a ti, se reúnen y son más compactas. De modo que las oyes más rápidamente, o sea con más alta frecuencia. Cuando el sonido se aleja, lo oyes con una frecuencia más baja porque las ondas sonoras están más espaciadas.

Para comprobar la fantástica idea de Doppler, un científico alemán llamado Christoph Buys Ballot (1817-1890) llenó el vagón de un tren de trompetas y escuchó cuando pasaron velozmente ante él. ¿Qué crees tú que oyó?

Pista: La prueba demostró que Doppler tenía razón.

a) Cuando las trompetas se acercaron el sonido se oyó más agudo. A medida que se fueron alejando el sonido se oyó más grave.

b) Cuando las trompetas se acercaron el sonido disminuyó. A medida que se alejaron el sonido se oyó más fuerte.

c) Las trompetas desafinaban y, con el estrépito del tren, apenas se oían.

Respuesta: a) Cuanto mayor es la frecuencia de las ondas sonoras = sonidos más agudos, ¿recuerdas? Si estás de pie junto a una carretera concurrida y escuchas cómo pasan los coches, podrás comprobar por ti mismo el efecto Doppler. Anótate medio punto si tu respuesta ha sido la c). Estas cosas pasan, pero no afectan lo suficiente para malograr el experimento.

Científicos del sonido supersónico

¿Has contemplado de lejos un castillo de fuegos artificiales? ¿Y no te has preguntado por qué ves las bonitas chispas de colores pero no oyes el estampido hasta momentos después?

Eso demuestra que la luz viaja más deprisa que el sonido. Pero ¿a qué velocidad viaja el sonido? Un sacerdote francés llamado Marin Mersenne (1588-1648) puso en marcha un ingenioso plan para comprobarlo.

Hizo que un amigo suyo disparase un cañón. Marin se situó a cierta distancia y midió el tiempo entre el fogonazo cuando el cañón era disparado y la detonación cuando las ondas sonoras llegaban hasta él.

Pero, como no tenía un reloj adecuado, contó los latidos de su corazón.

VOLVAMOS A PROBAR, PERO ESTA VEZ APUNTA HACIA OTRO LADO.

En realidad, no lo hizo tan mal. Después de que los científicos midieran la velocidad del sonido con exactitud, se dieron cuenta de que el cálculo de Marin (450 metros por segundo) era algo exagerado. Pero tal vez estuviera excitado y su corazón latiera algo acelerado.

Un día frío de 1788, dos científicos franceses dispararon dos cañones separados el uno del otro 18 km. El segundo cañón era para una doble comprobación del primero y la distancia entre ambos era la que cada científico podía alcanzar con un telescopio. Contaron los fogonazos y las detonaciones.

Pero lo que los científicos necesitaban realmente era un equipo adecuado para que la medición fuera más exacta. Y por eso el científico francés Henri Regnault (1810-1878) construyó esta ingeniosa máquina para medir la velocidad del sonido. ¿Pero funcionó o fue sólo un disparo a ciegas?

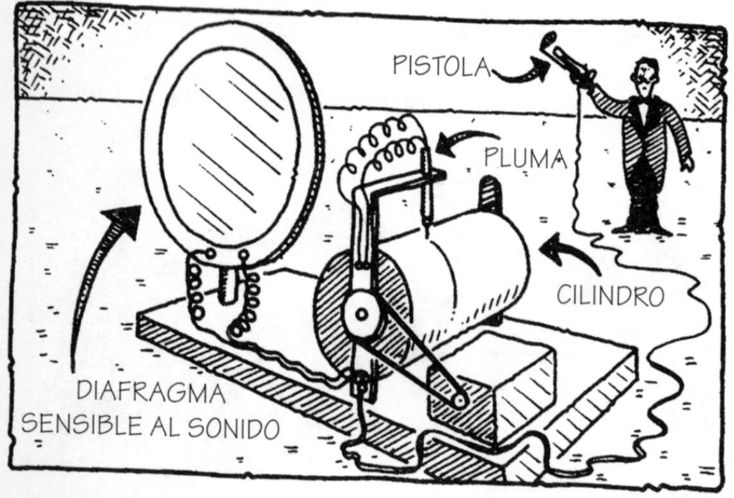

He aquí lo que ocurrió:

1 El cilindro rodaba a una velocidad regular y el lápiz trazaba una línea.

2 La pluma era controlada por dos circuitos eléctricos.

3 Cuando la pistola se disparaba el circuito se rompía y la línea de la pluma saltaba a una nueva posición.

4 Cuando el diafragma recogía el sonido, el circuito se restablecía y la pluma volvía a su posición inicial.

Regnault sabía a qué velocidad giraba el cilindro. De modo que midió las marcas hechas por la pluma y así supo a qué velocidad se había efectuado la prueba. Sus mediciones demostraron que el sonido viaja a 1220 km/h (340 m/seg.).

Pero, a pesar del duro trabajo de Regnault, la medición de la velocidad del sonido lleva el nombre de otro científico.

Cuadro de honor: Ernst Mach (1835-1916)

Nacionalidad: austríaco

Ernst tenía 10 años de edad cuando decidió que las lecciones le aburrían. Sus profesores dijeron a sus padres que su hijo era «estúpido».

TIENE MENOS
CEREBRO QUE
UN MOSQUITO.

«Vaya novedad que un profesor le llamase estúpido», te he oído decir. Bien, en vez de regañar al joven Ernst, sus papás lo sacaron de la escuela y fue creciendo hasta convertirse en un genio científico. Tal vez valga la pena contar esta historia a tus padres, pero dudo de que diera resultado.

El padre de Ernst cultivaba gusanos de seda y era un gran aficionado a la ciencia. A su madre le encantaba el arte y la poesía y, entre los dos, enseñaron al joven Ernst en casa. El muchacho estudiaba sus lecciones por la mañana y, por la tarde, ayudaba a su padre a cuidar los gusanos de seda.

A los 15 años, Ernst volvió a la escuela donde la ciencia se convirtió en su asignatura favorita. Llegó a enseñar ciencia en la universidad, pero era tan pobre que decidió especializarse en audición para lo que no necesitaba comprar un equipo caro. Con sus propios oídos tenía bastante.

En 1887, Mach estaba estudiando los misiles que volaban más rápidos que las ondas sonoras. Descubrió que a velocidades supersónicas (que significa más veloces que el sonido) una onda de choque se formaba delante del misil y viajaba en la misma dirección. Esto permitía al misil viajar suavemente a una velocidad supersónica, porque dejaba la onda de choque atrás.

En 1929, algunos científicos soñaban con aviones más rápidos que el sonido, de modo que decidieron hacer honor al descubrimiento de Mach y medir la velocidad en números Mach (Mach 1 sería la velocidad del sonido). Pero los científicos tuvieron que hacer frente a un problema terrible. Al parecer ningún ser humano podía viajar tan deprisa y sobrevivir.

El cono de la muerte

A pesar de que, según demostró Mach, un misil podría volar a velocidades más rápidas que el sonido, había un montón de baches en el camino. Cuando un objeto volante se aproxima a la velocidad del sonido, el aire que forman las ondas sonoras no puede escapar lo bastante aprisa. El aire se comprimía alrededor del avión en forma de un cono invisible, un cono de muerte. La sacudida del cono de aire de la onda de choque era suficiente para hacer migas un avión cualquiera.

En 1947, cada piloto que había volado muy cerca de la velocidad del sonido había muerto. Los pilotos lo llamaban «la barrera del sonido».

Pero, en un campo de aviación secreto de California, un hombre joven soñaba con romper la barrera del sonido en un avión especialmente reforzado y diseñado para vuelos de alta velocidad. ¿Volvería a ocurrir una tragedia? Si uno de los ingenieros que lo proyectaron hubiera escrito un diario secreto podría contar algo así:

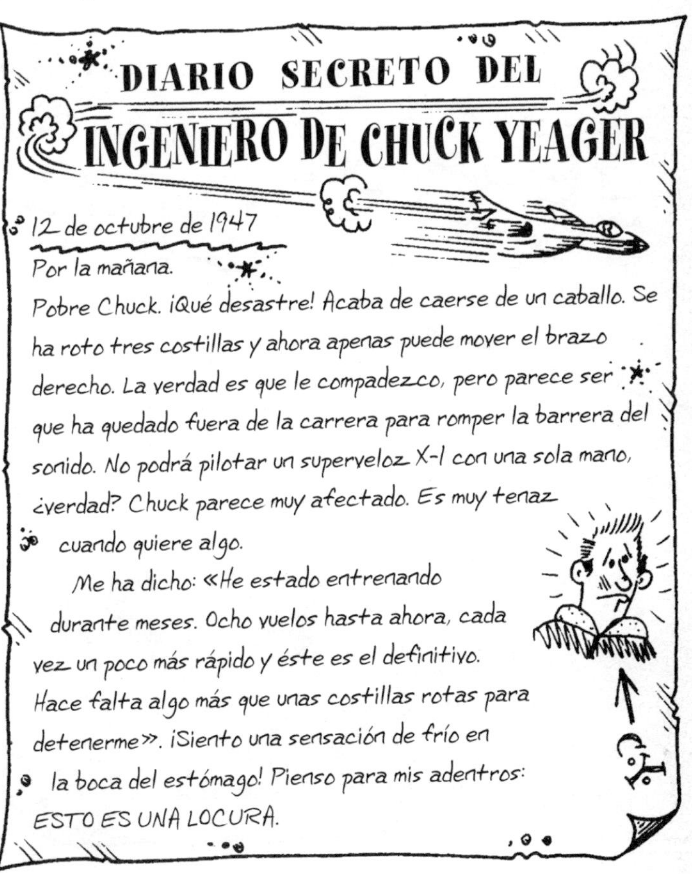

DIARIO SECRETO DEL
INGENIERO DE CHUCK YEAGER
12 de octubre de 1947
Por la mañana.
Pobre Chuck. ¡Qué desastre! Acaba de caerse de un caballo. Se ha roto tres costillas y ahora apenas puede mover el brazo derecho. La verdad es que le compadezco, pero parece ser que ha quedado fuera de la carrera para romper la barrera del sonido. No podrá pilotar un superveloz X-1 con una sola mano, ¿verdad? Chuck parece muy afectado. Es muy tenaz cuando quiere algo.
Me ha dicho: «He estado entrenando durante meses. Ocho vuelos hasta ahora, cada vez un poco más rápido y éste es el definitivo. Hace falta algo más que unas costillas rotas para detenerme». ¡Siento una sensación de frío en la boca del estómago! Pienso para mis adentros: ESTO ES UNA LOCURA.
C.Y.

Pero yo sé que de todas formas lo intentará, de modo que será mejor que le ayude.

Por la tarde.

El mayor problema de las lesiones de Chuck es que ni siquiera puede cerrar la puerta del X-1 con la mano izquierda. Busqué en el hangar y encontré el mango de una escoba. La corté a la medida y Chuck ya puede cerrar la puerta con el palo. Lo que no sé es si funcionará a 20.000 pies.

YO

14 de octubre
8.00 am

Partimos hacia la base de los bombarderos. El X-1 está colgado debajo del avión en el que nos encontramos. Chuck parece muy tranquilo pero sufre mucho. «Estoy bien -dice con una mueca de dolor-, pero no dejo de pensar en todos los pilotos que han perdido la vida intentando romper la barrera». Bien, si eso no le detiene, ¿qué le detendrá? Ojalá se me ocurriera algo.

ASÍ

R.I.P.

Pocos minutos más tarde...

Llegó la hora. Chuck desciende por la escalera hasta el X-1. Ahora que le he dicho «Adiós», no puedo por menos de preguntarme si tendré ocasión de volver a decirle «Hola, Chuck». Cruzo los dedos.

Luego oigo el clic de la puerta del X-1 que se cierra suavemente. ¡Tres hurras por el mango de la escoba! Pero si le ocurre algo a Chuck, será por culpa de ese trozo de madera y mía. Después de todo, yo le he ayudado.

¡QUÉ FRÍO!

Podemos oír a Chuck a través de la conexión por radio con el X-1. «¡Brrrr, qué frío!», se lamenta.

¡Bueno, no me extraña, pienso yo. Hay cientos de galones de combustible de oxígeno líquido en ese avión. Tiene que mantenerse a -188 °C. Es frío suficiente para helar el parabrisas desde el interior. Por suerte se me ocurrió la idea del champú. ¡Fue un buen truco! Cubrir el cristal con una capa de champú y así evitar que se formara escarcha.

10.50 de la mañana.

-¡Ya está! -dice nervioso el piloto de nuestro avión-. Ha comenzado la cuenta atrás: Cinco... cuatro... tres... dos... uno...

Tengo el estómago en la boca. ¿Podrá Chuck pilotar el X-1 con una sola mano? ¿Debí detenerlo?

¡CERO!

Demasiado tarde, ya ha sido lanzado.

¡FLASSS!

Chuck tardó unos segundos en dar el contacto y poner en marcha los motores del X-1. Pero si saltara una chispa cerca del combustible, el X-1 saltaría hecho pedazos. Pero el motor cohete funciona perfectamente.
¡Allá va! ¡Uf!

«Empiezo a correr», grita Chuck.

Pero todavía no podemos celebrarlo. Encuentra turbulencias. La barrera del sonido está al llegar. Los momentos siguientes son críticos. ¿Se hará pedazos el X-1 como los otros aviones? Transcurren los segundos. Sólo oímos silencio.

Hay un repentino estruendo. ¿Un trueno? No, es el estampido que se produce cuando Chuck vuela más rápido que el sonido. ¡Lo consiguió! ¡El X-1 vuela suavemente a Mach 1,05! HA ROTO LA BARRERA DEL SONIDO! ¡SÍ! ¡SÍ! ¡SÍ!

2.00 de la tarde.
«Me alegro de volver a pisar tierra firme. Estoy temblando». Chuck tiene una enorme sonrisa en el rostro. Parece estar en la cima del mundo, de modo que le pregunto cómo se siente.

«¡Bastante bien!», y se ríe.

Bastante bien. ¡Bastante bien con tres costillas rotas!

Maravillosos estampidos sónicos

Chuck Yeager demostró que se puede viajar tranquilamente y con seguridad a velocidades superiores a la del sonido. Y hoy en día los aviones a reacción como el Concorde rompen regularmente la barrera del sonido.

Si esto ocurre cerca de ti lo oirás. ¿Recuerdas el ruido semejante a un trueno que hizo el avión de Chuck al atravesar la barrera del sonido? Pues oirás algo similar. Temblarán los cristales de las ventanas de tu casa, se tambaleará la estructura de la chimenea y es posible que a tu hámster le dé un ataque de nervios. ¿Y cuál es la causa de esta fuerza terrible? El aire. Trillones y trillones de moléculas del aire comprimidas delante del avión y el cono de presión que barre el espacio detrás. Cuando llega a tierra, oirás este extraordinario sonido. Se llama estampido sónico.

¿Te atreves a descubrir cómo oír un estampido sónico?

Aquí tienes la oportunidad de comprobar tu propio estampido sónico, también conocido como el retumbar del trueno. El relámpago es una chispa causada por la electricidad que se acumula en una nube de tormenta. Calienta el aire que la rodea y produce una fuerte vibración más rápida que el sonido. Así se produce el estampido sónico que llamamos trueno. ¿Eres lo bastante valiente como para desvelar sus secretos?

¡LLUVIA, LLUVIA, LLUVIA, LLUVIA! ¡NECESITAMOS ALGO QUE NOS ANIME!

¡FUEGO! ¡FUEGO! ¡NECESITAMOS MÁS LLUVIA!

Durante este experimento evita:

a) Que te alcance un rayo.

b) Quedar empapado por la lluvia.

c) Dar a tu familia un susto de muerte.

De hecho, puedes hacerlo perfectamente bien en casa, pero asegúrate de que tus padres, hermanitas, hermanitos pequeños y animales domésticos no se pongan nerviosos y estén a salvo en el interior de la casa.

Necesitarás:

Un trueno de tormenta.

Tú mismo.

Un reloj con segundero.

Cómo debes hacerlo:

Observa el trueno y el relámpago.

1 *¿Qué ocurre?*

a) El trueno siempre llega antes que el relámpago.

b) El relámpago siempre llega antes que el trueno.

c) Trueno y relámpago siempre tienen lugar al mismo tiempo.

Cuenta los segundos entre el relámpago y el trueno.

2 *¿Qué notas?*

a) Siempre hay el mismo espacio de tiempo entre los dos.

b) Cuanto más llueve, más largo es el intervalo de tiempo.

c) El tiempo del intervalo parece acortarse o alargarse cada vez.

Respuesta: 1b) La luz viaja mucho más deprisa que el sonido, por lo que siempre ves el relámpago antes de oír el trueno. **2c)** Ves el relámpago más o menos instantáneo. Mientras la tormenta avanza hacia ti, la distancia que el trueno necesita recorrer se acorta y por eso lo oyes antes. A medida que la tormenta se aleja, el trueno tarda más en llegar hasta ti. Puedes calcular la posición de la tormenta contando los segundos entre el relámpago y el trueno. El sonido del trueno viaja 1 km por cada 3 segundos.

Pero si crees que el trueno es un ruido fuerte, ¡el siguiente capítulo hace que parezca el eructo de un mosquito! ¡Sácate los tapones para los oídos (¡asegúrate primero de que estén limpios!) y prepárate para quedarte ¡PASMAO!

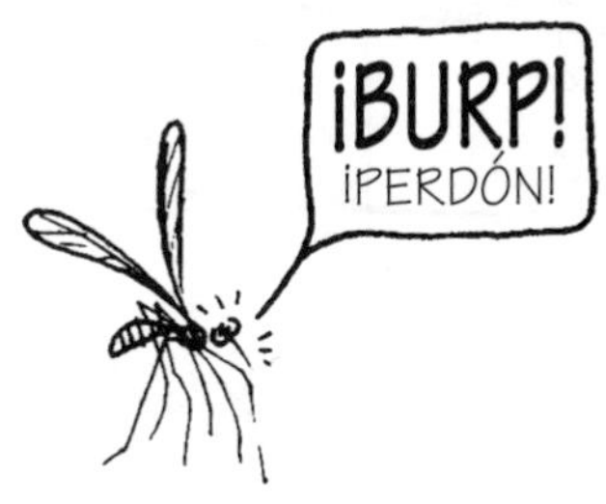

RUIDOS ENSORDECEDORES

¿Cuál es el ruido más fuerte que has oído en tu vida? ¿Los berridos de tu hermanito o hermanita? ¿Los ronquidos de tu abuelo? O quizás has oído algo REALMENTE RUIDOSO, como un concierto pop o un tren expreso a toda velocidad. Aquí tienes una tabla para comparar la potencia de los sonidos.

TIPO DE RUIDO 	DECIBELIOS 	EFECTO QUE TE PRODUCE 
Se te cae un pañuelo de papel en clase de ciencia.  ¡CIELOS!	10 dB	Casi nadie lo oye. ¡Uf! (Lo recogerás más tarde).
Le soplas a tu amigo en clase. 	20-30 dB	¡Chissss, pueden oírte!
Te pones a hablar con tu amigo.  COTILLEAR CHARLAR	60 dB	El profesor te oye. Puede costarte caro.
Toda la clase se pone a hablar. 	73 dB	¡Peligro de fuerte reprimenda!

El profesor grita a los niños para que se callen.

90 dB

Si grita mucho rato, podría dañar los sensores de tu oído interno.

Todo el mundo se calla.

SILENCIO

0 dB

Nadie se atreve a hablar.

Un avión pasa rozando la escuela.

¡QUÉ BRUTO!

¡FUAAA!

130 dB

¡Uau! Parece que tus tímpanos están a punto de estallar.

Los científicos miden la amplitud (potencia) del sonido en belios y decibelios (1 décima de belio = 1dB). Se llaman así por el inventor británico-norteamericano Alexander Graham Bell (1847-1922) (ver pág. 105). A propósito, sólo para confundirte: Cada vez que aumentas 3 dB, el sonido es dos veces más fuerte. ¿Lo has cogido? De modo que 4 dB apenas es algo más del doble de la potencia de 1 dB.

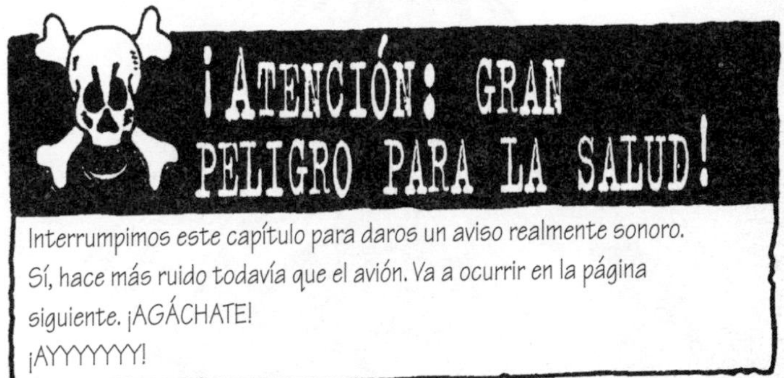

¡ATENCIÓN: GRAN PELIGRO PARA LA SALUD!
Interrumpimos este capítulo para daros un aviso realmente sonoro. Sí, hace más ruido todavía que el avión. Va a ocurrir en la página siguiente. ¡AGÁCHATE!
¡AYYYYYYY!

Krakatoa, Indonesia. 27 de agosto de 1883. 10 de la mañana
El cielo estaba oscuro y por él volaban cenizas y ascuas. Durante meses habían ocurrido pequeñas explosiones procedentes de los tres volcanes de la isla. Unas pocas horas antes, los dos volcanes más bajos entraron en erupción, causando un tsunami con una ola gigantesca. Miles de personas murieron ahogadas. ¡Luego se abrió en el mar un agujero enorme!
Esta EXPLOSIÓN fue el ruido más fuerte de la historia. La lava supercaliente mezclada con las aguas templadas del océano produjo una intensa acumulación de vapor como en una sartén hirviendo, sólo que billones de veces más potente. Fue un estruendo equivalente a 150 millones de toneladas de explosivos. No es de extrañar que se oyera al otro lado del océano Índico e hiciera saltar a la gente de la cama a 3250 km de distancia, en Australia.
Mientras, una ráfaga de aire barrió la Tierra hasta llegar a América del Sur 19 horas más tarde, antes de regresar a Krakatoa. Esta onda dio la vuelta a la Tierra siete veces más. ¡Uau! Eso si que fue un buen despertador.
NUBES DE CENIZAS, ROCAS, GAS Y VAPOR SON LANZADOS AL AIRE.
¡CÁSPIT
ROCAS PULVERIZADAS (LAVA) DESCIENDEN POR LA LADERA DEL VOLCÁN
CAPAS DE LAVA Y CENIZAS FORMAN EL VOLCÁN.

Broma para gastar al profesor a la hora de merendar

Esta terrible e insípida broma a la hora de la merienda pondrá los dientes largos a tu profesor. Llama suavemente con los nudillos y, cuando te abra la puerta con un gruñido, pregúntale con toda tranquilidad:

ME PREGUNTO POR QUÉ ME DA ESE REPELUZNO CUANDO ARAÑA LA PIZARRA CON LAS UÑAS.
¡GRRRR!

Respuesta: ¡Brrr! Sólo de pensarlo te hace estremecer. Ese ruido se produce cuando la uña, al descender rápidamente rozando la pizarra, toca cantidad de diminutos salientes en la superficie que, con el roce, emiten esas vibraciones de alta frecuencia que te producen escalofríos. Las vibraciones son tan desiguales que suenan desafinadas y quizá por eso te dan ese repeluzno.

Ruido molesto

1 ¿El ruido no te deja dormir? Quizá tengas vecinos ruidosos o un hermanito llorón o una cotorra antipática, ¿Es que por ahí cerca pasa mucho tráfico? Anímate, las investigaciones demuestran que se puede dormir con ruido de 40-60 dB. Es decir, si estás acostumbrado a ese ruido.

2 No es ninguna novedad. En la antigua Roma, Julio César dictó una ley que prohibía que la gente condujera carros ruidosos durante la noche. No dejaban dormir a los ciudadanos. Pero los conductores de las carros no le hicieron ningún caso.

3 Pero los ruidos fuertes dan algo más que dolor de cabeza. En 1930, los científicos descubrieron que los obreros de una fábrica trabajaban mejor cuando llevaban orejeras para amortiguar el ruido. Y las personas que trabajan en lugares ruidoso suelen estar malhumoradas al acabar la dura jornada. (Por lo menos, ésa es su excusa.)

4 Los ruidos ensordecedores pueden dañar seriamente tu salud. Los científicos expuestos a SONIDOS FUERTÍSIMOS de 130 dB tienen poco más o menos este aspecto.

5 En los años 70, los científicos de la NASA construyeron una máquina que producía un estruendo de 210 dB. (¿Te imaginas vivir en la casa de al lado?) Las ondas sonoras de este estrepitoso artilugio eran tan potentes que podían perforar objetos sólidos.

6 En 1997 se informó que las bases militares de EE.UU. en Bretaña iban a ser defendidas por potentes armas sonoras. Las ondas sonoras de esas máquinas harían vibrar los intestinos de cualquier intruso de tal manera que tendrían que ir corriendo al lavabo (suena espantoso).

¿NO PODRÍAN PRESTARME UN PAR DE PANTALONES LIMPIOS?

7 Científicos franceses han preparado un arma incluso más peligrosa impulsada por el motor de una aeronave. Emite potentes ondas de infrasonidos, que son demasiado graves para que nosotros podamos oírlas. Pero este sonido siniestro puede hacer que las personas se mareen y enfermen. Esas potentes vibraciones sonoras sacuden los órganos vitales del cuerpo ocasionando graves daños. De hecho, pueden matar a una persona si están a menos de 7 km! Esperemos que una máquina tan horrible jamás sea utilizada, pero el sonido ordinario ya ha sido utilizado como...

Arma sonora

En 1989 las fuerzas de EE.UU. invadieron Panamá, en América Central, con intención de arrestar al presunto jefe del tráfico de drogas, general Manuel Noriega. Pero el astuto general (apodado «viejo cara de piña») había abandonado su lujosa villa para refugiarse en la embajada del Vaticano. Los norteamericanos estaban atónitos. No podían colarse en la embajada para apresar al general. Iba contra la ley internacional. De modo que el viejo «cara de piña» estaba a salvo. ¿O no?

Alguien tuvo una idea detonante. ¿Por qué no apabullar al general con ruido? Aquí tienes cómo debieron ser las notas que enviaron al general (si es que le enviaron alguna).

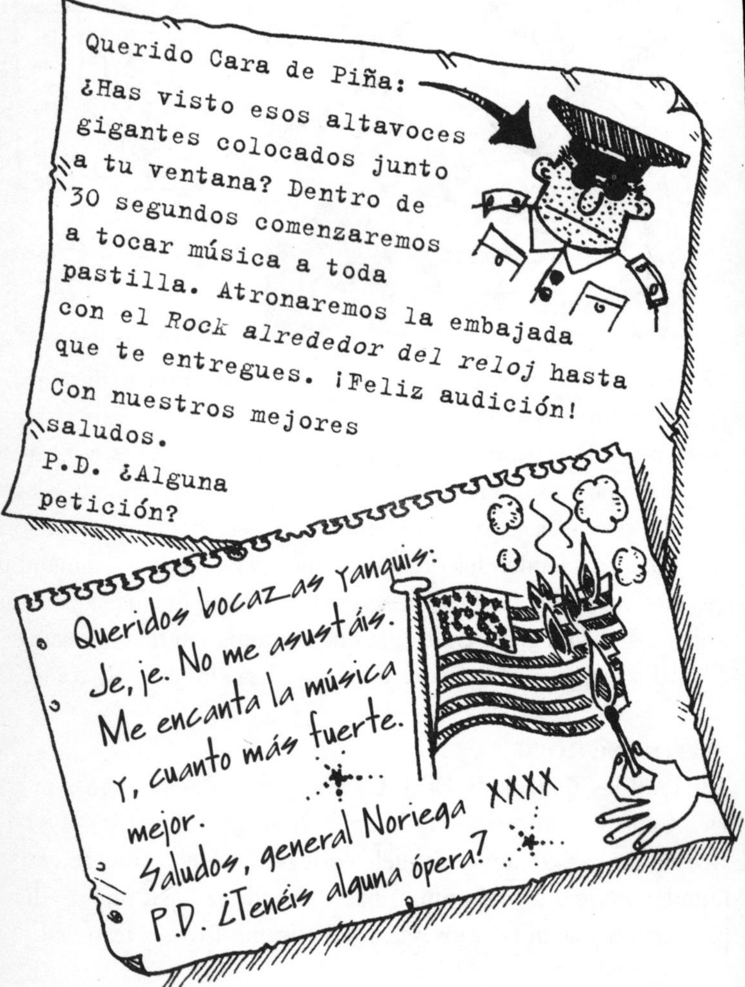

Querido Cara de Piña:
¿Has visto esos altavoces gigantes colocados junto a tu ventana? Dentro de 30 segundos comenzaremos a tocar música a toda pastilla. Atronaremos la embajada con el Rock alrededor del reloj hasta que te entregues. ¡Feliz audición!
Con nuestros mejores saludos.
P.D. ¿Alguna petición?
Queridos bocazas yanquis:
Je, je. No me asustáis.
Me encanta la música
y, cuanto más fuerte,
mejor.
Saludos, general Noriega XXXX
P.D. ¿Tenéis alguna ópera?

Querido Cara de Piña:
Está bien, tendrás música clásica. ¡Ahora vamos con el rock duro! Sí, es hora de algo bien FUERTE interpretado por el legendario guitarrista de los sesenta, Jimi Hendrix.

Saludos de las fuerzas de EE.UU.
P.D. ¿Has recibido ya el mensaje?
P.P.D. ¡Sal con las manos en alto!
Y ésta va por ti, general.

Queridos yanquis malos:
¡AU! ¡Me duele la cabeza!
No puedo resistirlo más.
No puedo dormir, no puedo pensar.
No puedo comer, me vuelvo loco.
No puedo soportarlo más. Está bien.
Está bien, vosotros ganáis. Me rindo.
¡Apagad ese ruido horrible, por favor!

Saludos, general Noriega
P.D. ¿Tenéis pastillas para el dolor de cabeza?

¡A qué no lo sabías!
Al general le hubiera encantado tener un local a prueba de ruidos. Tal vez algo parecido a esos envases de huevos de cartón de los que te hemos hablado. Los materiales suaves tales como alfombras y cortinas absorben las ondas sonoras y les restan energía; así no suenan con tanta intensidad. La energía de las ondas sonoras calienta ligeramente esos materiales. ¡Pero no, eso no significa que hayas de poner en marcha el estéreo cada vez que sientas frío!

Ah, ¿entonces te gusta un poco de ruido? ¿Ruido realmente salvaje? Bien, tendrás que explorar el capítulo siguiente. Vaya si es salvaje. Salvaje, peludo, hambriento y con unos colmillos enormes sedientos de sangre. ¿Eres lo bastante valiente para seguir leyendo? ¡Jauuuuuuu!

LA RUIDOSA NATURALEZA

Algunos creen que la naturaleza es tranquila. Tranquila, apacible y serena. Pero los animales nunca están callados. Su mundo está lleno de horrorosos gruñidos, aullidos y chillidos, y lo que es peor, no les importa no dejarte dormir. Aquí tienes la oportunidad de oír parte de la terrible banda sonora de la vida salvaje.

Estreno
CONCIERTO ANIMAL
En vivo desde el corazón de la jungla
(Patrocinado por Animales de Compañía Pérez)
EL CORO
EL fantástico coro de voces de RANAS macho
¡CROAC! ¡CROAC! ¡CROAC!*
Deliciosos cantos cuyo sonido aumenta gracias a las vibraciones de las bolsas llenas de aire de sus gargantas. Cantarán su romántica canción de amor: *
«¡Venid aquí ranitas que estamos deseando veros la carita!»

Las RATAS roedoras

Famosas por sus canciones chillonas. Algunas de ellas emiten ultrasonidos (notas demasiado agudas) entonados para que las podamos oír. Cantarán su tradicional canción de bienvenida a las ratas visitantes.

¡IIIIIIIIIC! ¡IIIIIIIIIC! ¡IIIIIIIIIC! *
NO ME GUSTA NADA ESTA CANCIÓN.

* *¡Largaos ratas sucias. Si no, os mataremos!*

(La versión en ultrasonido no merece la pena malgastarla con los humanos).

¡CUAC!
¡CUCU!
¡GUIU!
¡PÍO!
¡PÍO!
¡OH, CIELOS!

Los sensacionales PÁJAROS CANTORES

Oírles gorjear con sus asombrosas siringes, la piel tirante que cubre sus tráqueas. (Es la vibración lo que produce el silbido.)

(PEDIMOS DISCULPAS. Los diferentes tipos de pájaros se niegan a cantar la misma canción e insisten en interpretar cada uno su tonada al mismo tiempo. Puede resultar algo confuso.)

Los MONOS aulladores y voladores

Presentan su mayor éxito.

¡Que se larguen los otros monos, éste es nuestro territorio!

AVISO: Estos monos pueden oírse a 15 km de distancia. Se recomienda al respetable público que se tapen las orejas con los dedos.

Los simpáticos y descarados CHIMPANCÉS

Presentarán su excitante nueva canción «Pan-ju, pan-ju, pan-ju». Que traducido viene a decir: *Ven aquí, en este árbol hay una fruta como para chuparse los dedos.*

LA ORQUESTA
(SECCIÓN DE PERCUSIÓN)

El salvaje y maravilloso PÁJARO CARPINTERO

Los chiflados pájaros carpintero marcan el ritmo mientras clavan sus duros picos veinte veces por segundo en el tronco para extraer las deliciosas larvas que hay debajo de la corteza. Los machos también presentarán uno de sus famosos solos de tambor.* *Venid a mi casa, nenas, soy un auténtico cabeza dura.*

Las locas y chirriantes CIGARRAS macho

Tocarán la vibrante piel de su abdomen. «Cric-cri-cric», que viene a decir: *¡Aquí estoy, venid a mí preciosas cigarras!*

(AVISO. Esas cigarras cantan muy fuerte (más de 112 dB). Al respetable público se le recomienda esconderse debajo de las butacas.

ADVERTENCIA ESPECIAL

Pedimos disculpas a los lectores que aguardan con interés el primer concierto animal. Ha sido cancelado. Por desgracia algunos miembros del coro se han devorado entre ellos y varios músicos de la orquesta han huido.

¡A que no lo sabías!

El señor Curtis, un músico del siglo XIX, *se presentó en Cincinnati, EE.UU., para dar un concierto. Tocaba un instrumento parecido a un piano en el cual cada nota correspondía a un gato. (48 en total.) El músico presionaba una tecla y el gato maullaba al sentir que le tiraban de la cola.*

Pero el cruel plan de Curtis dejaba mucho que desear. Su ejecución de «Old Lang Syne» fue un fracaso porque los gatos se pusieron a maullar todos a la vez. El escenario se colapsó y alguien gritó: «¡FUEGO!» Un coche de bomberos que pasaba por allí roció el edificio y todos quedaron empapados. Los gatos escaparon por un pelo... ¡de sus bigotes!

¡Pega un salto!

¿Has oído alguna vez estridular a un saltamontes? Estridular es el sonido que emiten algunos insectos al frotar sus patas rugosas. (No, tu jerbo no sabe hacerlo, es un roedor, no un insecto, aunque sí tiene las patas rugosas.) Los saltamontes machos, como los grillos, estridulan para ofrecer una serenata a las hembras.

Pero cuando los saltamontes emiten ese chirrido, es muy difícil precisar su escondite. Los científicos han descubierto que la frecuencia de ese ruido es de unos 4000 Hz, y los humanos no sabemos distinguir bien la dirección de esos sonidos. Los sonidos agudos pueden localizarse utilizando sólo un oído, pero para los graves hay que utilizar los dos. Eso es debido a que las ondas sonoras más largas rodean nuestra cabeza, pero para los sonidos intermedios somos algo torpes. Bueno, no podemos oír con un oído y medio, ¿verdad?

Los animales son mucho mejores en eso del oído. Tienen que serlo. Han de tener el oído muy fino para descubrir los animales pequeños que constituyen su alimento y para oír las pisadas de las bestias feroces, sus enemigas. Ahora, aquí tienes la oportunidad de descubrir si tienes buen oído.

Oído, oído

1 Los elefantes africanos (los de orejas grandes) pueden oír mejor que los de la India (que las tienen más pequeñas). VERDADERO/FALSO.

2 Algunas polillas tienen oídos en las alas. VERDADERO/FALSO.

3 Los grillos oyen por las patas. VERDADERO/FALSO.

4 Las serpientes tienen los oídos escondidos debajo de las escamas. VERDADERO/FALSO.

5 Las ranas tienen las orejas, en... en alguna parte. VERDADERO/FALSO.

6 La cara de la lechuza recoge el sonido como una oreja grande. VERDADERO/FALSO

7 Los osos hormigueros tienen un oído increíble. Pueden oír a las termitas correr bajo tierra. VERDADERO/FALSO.

8 El murciélago falso vampiro de la India (no es broma, se llaman así) puede oír las pisadas de los ratones.

Respuesta: 1 FALSO. Tener las orejas más grandes no ayuda a oír mejor a los elefantes africanos, pero sí a refrescarse. Sus enormes orejas hacen que circule más sangre bajo la piel y así el cuerpo pierde más calor al aire libre. **2** VERDADERO. Las polillas tienen oídos en las alas. Los oídos de todos los insectos son capas delgadas de piel que vibran al estímulo del sonido lo mismo que nuestros tímpanos. Las vibraciones hacen que los nervios transmitan mensajes al diminuto cerebro del insecto. **3** VERDADERO. Los saltamontes tienen oídos en el abdomen que es la parte posterior de su cuerpo. Los grillos y los saltamontes hacen ruido para atraer a la hembra y utilizan los oídos para escuchar a otros de su misma especie. **4** FALSO. Las serpientes no tienen oídos. No pueden oír ruidos pero sí sentir las vibraciones de cualquiera que pise el suelo. Las serpientes reciben estas señales a través de los huesos de su mandíbula. **5** FALSO. Las ranas no tienen orejas, pero sí tímpanos a ambos lados de la cabeza. Los científicos han probado diferentes sonidos con ellas. Descubrieron que las ranas captan mejor los sonidos de baja frecuencia, como el canto de sus congéneres. **6** VERDADERO. La cara de una lechuza tiene una forma parecida a una parábola. Es muy hábil recogiendo sonidos y transmitiéndolos a los agujeros de sus oídos situados al borde de la parábola. **7** VERDADERO. Luego los osos hormigueros desentierran a las termitas con sus patas y las atrapan con su lengua larga y pegajosa. ¡Pruébalas! **8** VERDADERO. Los murciélagos descienden en picado y atrapan a los ratones. Pero los ratones tienen su oportunidad, pueden oír los chillidos agudos de los murciélagos.

Cetáceos parlantes

Cetáceo es la palabra científica para designar a las ballenas y delfines. Utilízala en clase de ciencia y seguro que causas sensación.

Alguna de las llamadas animales más sorprendentes, son las que emiten los delfines y ballenas. No mugen como las vacas, ni trinan como los pájaros, ni silban como... como los que silban. Ni siquiera chirrían como los goznes de una puerta vieja y oxidada. Todos esos sonidos son una rápida sucesión de impulsos en poco más de unas milésimas de segundo. Pero las llamadas de la ballena azul y el rorcual pueden llegar a los 188 dB. Son lo suficiente potentes para dañar tus oídos y para que las oigan las otras ballenas a 850 km de distancia.

No sabemos lo que significan esos sonidos. Podrían ser un medio de mantenerse en contacto o charlar con los amigos. Pero algunos científicos aburridos han declarado que los cetáceos pueden emitir esos sonidos desde el momento en que nacen. De modo que es evidente que no aprenden un lenguaje como nosotros. Aunque algo deben aprender en la escuela de ballenas, digo yo. ¡Je, je!

Broma especial para profesor a la hora de merendar

Llama suavemente con los nudillos y, cuando se abra la puerta con un chirrido, sonríe con dulzura y pregunta:

PERDONE, QUISIERA SABER POR QUÉ LAS BALLENAS Y DELFINES CANTAN BAJO EL MAR Y NO SE LES LLENA LA BOCA DE AGUA.
PUES NO...

Respuesta: Es difícil cantar debajo del agua o hablar mientras se bebe. Pero las ballenas y delfines pueden cantar con la boca cerrada. Emiten los sonidos de un modo distinto: un sistema de conductos de aire conectados a los agujeros que tienen en lo alto de su cabeza. (Los científicos no saben con exactitud cómo se producen esos sonidos.) Las ballenas y delfines incluso pueden cantar bajo el agua mientras engullen su desayuno. Al contrario que tú. Por si acaso, ¡no lo intentes!

Los delfines y las orcas emiten otros sonidos incluso más extraños. Chasquidos ultrasónicos. En los años 50, los científicos americanos descubrieron que los delfines eran capaces de encontrar comida en el fondo de una piscina oscura una noche sin luna. Las pruebas demostraron que los animales emitían los chasquidos y luego captaban los ecos devueltos por los objetos para encontrar su comida.

Los ecos son unos sonidos asombrosos. Extraterrenales, fantasmales, voces pavorosas sin cuerpo y, por una extraña y misteriosa coincidencia, en el próximo capítulo se habla de ellos.

¡VAMOS ALLÁ!

ECO ECO ECO ECO-REVERBERACIONES MISTERIOSAS

Aquí tienes un truco por si quieres oír tu propia voz. Sitúate a unos 30 m de una pared y grita bien fuerte. ¿Oyes como tu voz rebota en la pared? Suena algo misterioso, ¿no?

Datos misteriosos del eco

1 El eco se produce cuando las ondas sonoras rebotan contra una superficie del mismo modo que la luz se refleja en un espejo.

2 Así que ¿cuál es el mejor lugar para oír el eco? Bien, ¿por qué no probar en un viejo castillo lleno de misterio? Hay uno cerca de Milán, Italia, donde puedes oír el eco de tu voz cuarenta veces. Las viejas paredes atrapan las ondas sonoras y en ellas continúan rebotando una y otra vez.

3 La cúpula de la Catedral de San Pablo en Londres y el edificio del Capitolio en Washington, ambos tienen galerías de los susurros en las que se oyen voces a gran distancia. Puedes decir algo en voz baja cerca de la pared y, al otro lado de la cúpula, pueden oír tus susurros. La curva de las paredes dirige el sonido hacia un punto del lado contrario. De modo que, si quieres hacer un chiste sobre tu profesor, procura hacerlo fuera del edificio.

4 Los cornos alpinos, esos cuernos acústicos, increíblemente largos, que la gente toca en Suiza, utilizan el eco para llegar hasta varios kilómetros de distancia. Los misteriosos ecos devueltos por las montañas han sido utilizados para enviar mensajes.

5 Los ecos de la rana cornuda también tienen un mensaje lleno de misterio. Las notas graves de la rana llegan a larga distancia y cualquier eco resuena en los acantilados y en las rocas anunciando que acecha un peligro.

6 No hay nada más misterioso que el retumbar del trueno. Gran parte de este ruido se debe a los ecos del estruendo original del trueno que retumban en las nubes.

7 Pero en los ecos hay algo más que ruido. La música también requiere ecos para mantenerse misteriosamente viva.

Diseña tu propia sala de conciertos

Bien, ENHORABUENA, a tu escuela le han concedido un crédito especial para construir una nueva sala de conciertos y te han pedido que les eches una mano para diseñarla. ¿Tienes alguna idea? Es importante planear el interior cuidadosamente para que la gente pueda oír la música con claridad. Esto se llama acústica. Por suerte tenemos a Pepe Sonoro que nos aconsejará.

1 Lo primero que necesitamos es un gran tanque lleno de agua. Puedes meter el dedo y verás cómo las ondas rebotan contra sus paredes.

2 Ahora miremos las paredes. Pongamos una pared curva al fondo del escenario.

3 Evita las paredes planas y lisas en tu diseño. Tendrás montones de rebotes (reverberación) en lugares no deseados. ¡Sería como estar atrapado en un túnel!

4 Evita las butacas mullidas, alfombras y cortinas. Absorberían el sonido y harían que la música sonara apagada. Los asientos duros son mejores para la acústica aunque luego te duela el trasero.

5 Sí, eso es. Ahora tienes que construirla. ¿No te lo dije? ¡No trabajes demasiado! ¡Adioooos!

Expresiones terribles

¿QUÉ?
¿VAMOS AL CONCIERTO?
TICKET
NO, GRACIAS, EN ESA SALA HAY REVERBERACIONES DESTRUCTIVAS.

¿Llamarías a la policía?

> **Respuesta:** No. Reverberación destructiva se produce cuando dos ondas sonoras se anulan mutuamente. La segunda onda reflejada cancela las vibraciones de la primera serie de ondas sonoras. El resultado es que no puedes oír bien ninguna de las dos. Esto se da en las salas de concierto mal diseñadas.
>
> Pero, naturalmente, en los ecos hay algo más que música. A veces las reverberaciones pueden representar la vida o la muerte. Es decir, si eres un murciélago.

¿Te gustaría ser un científico?

A los científicos les han interesado los murciélagos desde hace años. ¿Será verdad que todos los científicos están chalados? Por ejemplo, en 1794, el científico suizo Charles Jurinne descubrió que los murciélagos no sabían encontrar su camino entre obstáculos con los oídos tapados.

¡SOCORRO! ¡ME ATACAN LOS MURCIÉLAGOS!

Pero no fue hasta 1930 en que el científico estadounidense Donald R. Griffin grabó los chillidos ultrasónicos de un murciélago y demostró que encontraban su camino en la oscuridad escuchando los ecos. ¿Te imaginas a un delfín volador?

Uno de los experimentos más absurdos llevados a cabo por los chalados científicos fue tratar de confundir a los murciélagos haciendo ruido. ¿Qué crees que ocurrió?

a) Los murciélagos dejaron de volar y cayeron al suelo.

b) Los murciélagos volaron más despacio y hacían más ruido.

c) Los murciélagos golpearon a los científicos con sus alas apergaminadas.

Respuesta: b) Hace falta algo más que ruido para molestar a un murciélago. Pero se despistaron un poco porque volaban más despacio que de costumbre.

¡A qué no lo sabías!

Distintos tipos de murciélagos chillan a distintas frecuencias y amplitudes. Por ejemplo, el pequeño murciélago marrón tiene un grito tan agudo como un detector de humos. (No, no se te ocurra, es cruel utilizar a los murciélagos como equipo de seguridad.) Pero el murciélago susurrante tiene una llamada que no es más que (lo creas o no) un susurro. Pero siempre que la emite representa un gran peligro (si por casualidad eres una mariposa nocturna).

MANUAL DE SUPERVIVENCIA DE LA MARIPOSA ATIGRADA

por la jefa del escuadrón Mariposa-Tigre Irma

ESTÁ BIEN, ESCUADRILLA AÉREA, PRESTAD ATENCIÓN A ESTAS INSTRUCCIONES. PUEDEN SIGNIFICAR LA DIFERENCIA ENTRE LA VIDA Y LA MUERTE.

Aquí tenéis a vuestro mayor enemigo: el murciélago. Miradlo bien. Es feo, ¿verdad? Podría ser la última cosa que vierais. Por eso recordadlo: murciélagos mordedores cazan mariposas nocturnas, abren bien sus bocas y nos trituran con sus colmillos afilados. ¡Qué muerte más horrible! No me extraña que nosotras las mariposas estemos disgustadas.

APRÉNDETE DE MEMORIA LAS SIGUIENTES RECOMENDACIONES

1 Escucha con atención los chillidos de los murciélagos. ¡Significa que hay un murciélago cerca y que vuela hacia ti! Afortunadamente tú oyes a los murciélagos antes de

e ellos te detecten
i, de modo que SAL
RRIENDO, quiero
cir SAL VOLANDO.

2 Si el murciélago se acerca demasiado, activa tus vesículas. Son esas diminutas placas situadas a ambos lados de tu cuerpo, por si no lo sabías. Oprímelas con fuerza y producirán un fuerte ruido. Esto confundirá al murciélago. Je, je, le está bien empleado.

3 Mientras el murciélago se pregunta qué pasa, lo mejor que puedes hacer es dejarte caer al suelo. El cobarde ırciélago tendrá demasiado miedo a estrellarse para guirte. Además, sus eco-sensores no podrán localizarte el suelo. Eso es porque reciben tantos ecos del suelo e no sabrá distinguir cuál es el tuyo.

Al fin, después de millones de años, después de que los delfines y los murciélagos tuvieran la idea, los humanos decidieron utilizar el eco para encontrar cosas. O por lo menos es lo que hizo un inteligente científico francés.

Cuadro de honor: Paul Langevin (1872-1946) Nacionalidad: francés

El joven Langevin era uno de esos muchachos que siempre son el primero de la clase. Nunca fue el segundo en nada. Eso te pone malo, ¿verdad? Entonces ni siquiera te contaré cómo aprendió latín él solito. ¡Uf! De mayor, Langevin estudió ciencia en la Universidad de Cambridge, Inglaterra.

En 1912, un trasatlántico gigantesco, el *Titanic*, se hundió al chocar contra un iceberg y se ahogaron más de mil personas. Después de la catástrofe, a Langevin le apasionó la idea de utilizar las ondas sonoras para encontrar objetos hundidos. Afirmó que, con las ondas sonoras, se hubiera podido detectar el iceberg. Así que, en 1915, puso en práctica su idea con el invento más tarde conocido como SONAR (SOund NAvigation and Ranging). Un elemento llamado transductor hace un ruido muy agudo (PING, demasiado agudo para que los oídos humanos puedan oírlo). Las ondas sonoras de este aparato detectan objetos sumergidos tales como barcos hundidos, bancos de peces, ballenas, submarinos y elefantes submarinistas.

LAS ONDAS SONORAS DAN CONTRA "EL OBJETO Y REBOTAN.
EL SONAR ENVÍA ONDAS SONORAS HACIA ABAJO.

Los ecos son recogidos por el transductor y convertidos en impulsos eléctricos.

Un receptor mide la intensidad de los ecos y el tiempo que tardan en llegar al barco. Cuando más sólido es el objeto, más fuerte es el eco y, cuanto más tarda en regresar, más distante está. ¿Lo has entendido? Puedes ver la posición del objeto y sus movimientos en una pantalla. ¡Qué idea tan sonada!

Pero, lamentablemente, en vez de ayudar a salvar vidas, el invento de Langevin sirvió para matar gente. Durante la Segunda Guerra Mundial, el SONAR fue utilizado para detectar submarinos enemigos, de modo que pudieran ser destruidos con cargas de profundidad.

Luego, en 1940, los alemanes invadieron Francia y Langevin se encontró en peligro hasta las orejas. Su yerno se opuso a la invasión y fue ejecutado. Luego arrestaron a Langevin y su hija. Sin duda, era sólo cuestión de tiempo el que cayera sobre el científico la pena de muerte. Los científicos de todo el mundo enviaron mensajes de apoyo para Langevin y los alemanes decidieron encerrarle en su propia casa. Pero seguía en peligro y, ayudado por algunos valientes amigos, huyó a Suiza.

Hoy en día se sigue utilizando el SONAR para encontrar objetos sumergidos y, en 1987, se enfrentó a la prueba más importante. ¿Podría el SONAR localizar al legendario monstruo del lago Ness, en Escocia? Al oír mencionar al monstruo del lago Ness, muchos científicos suspiraron tristemente y dijeron: «¡Oh, será un chiste!»

Si hubiera un monstruo, dijeron los científicos, ¿cómo es que no se ha encontrado su cadáver como prueba? Pero imaginemos que sí existe el monstruo. Y que esa criatura superinteligente y supersensible nos contara su historia. Aquí tienes lo que podría decir:

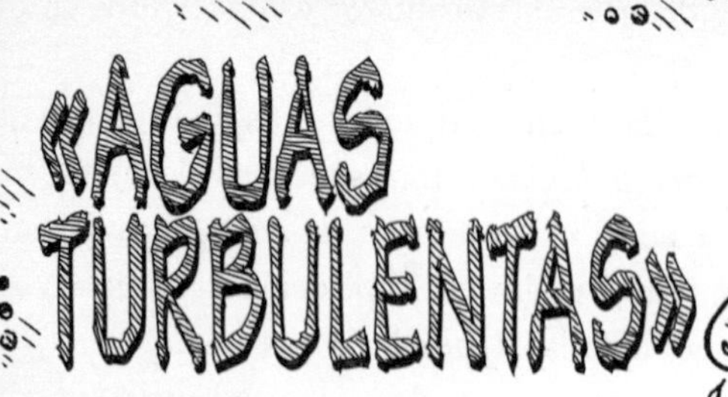

por Nessie, 9-10 de octubre de 1987

Es duro ser una celebridad internacional. Fotógrafos, turistas, cazadores de caza mayor de todos los lugares. ¡Qué fastidio! Ahora todo lo que deseo es una vida tranquila. Al fin y al cabo, he estado viviendo en este lago durante cincuenta millones de años y nadie me ha ocasionado ningún problema hasta ahora. No es que yo vaya por ahí comiéndome gente (a decir verdad la carne humana no me gusta). Prefiero pescado fresco todos los días. Pero ahora tengo un auténtico dolor de cabeza.

Jamás olvidaré el fin de semana cuando los medios de información vinieron a ver esas horribles máquinas que emiten pitidos. A propósito, eso es lo que yo llamo SONAR. Conozco todo lo referente a esas cosas porque los humanos han venido detrás mío con ellas durante años. La verdad es que probaron ese truco hace cinco años y se excitaron ridículamente al ver un ligero rastro de mi persona en sus pantallas. Os aseguro que me puse de muy mal humor.

Claro que jamás pensé que volverían a intentarlo. Estaba dando un paseíto a nado, como hacéis vosotros. Quiero decir que el lago, aunque sea hondo, oscuro, helado y lóbrego, es mi hogar. El caso es que asomé la cabeza fuera del agua para echar un vistazo a mi alrededor y entonces es cuando les vi. Cientos de periodistas, docenas de botes, helicópteros y cámaras de TV: la marabunta. Si me pinchan no me sacan sangre. Afortunadamente, estaban todos escuchando a un tipo corpulento con una barba poblada. De lo contrario me hubieran visto.

Por cierto que yo conozco a ese tipo grandote. Se llama Adrian Shine. Es científico y hace años que intenta dar conmigo. (Je, je, no tendrás esa suerte Adrian). El caso es que le estaba diciendo a los pilotos de los botes: «Formad en línea en el centro del lago y seguid avanzando a una velocidad constante». ¡Vaya con el tío! Incluso hizo poner banderas en ambas orillas para mantener los botes en línea y a esos aparatos insoportables. Cada bote llevaba uno. ¿Ruido? ¡Ay, aguantar esos pitidos durante todo el día me dio un dolor de cabeza MONSTRUOSO!

Sé que me localizaron un par de veces. Yo estaba escondida a unos 150 m de profundidad. Debería haber sido suficiente, creo yo. Pero debí darme cuenta de que ese estúpido ruido del SONAR desciende a cientos de metros. De todas formas, oí uno de los pitidos bastante cerca, y en la superficie todos gritaban: «¡Es el monstruo, está ahí abajo!» ¿ÉL? Que cara tienen.

¡Yo soy una HEMBRA! De modo que emprendí una rápida retirada. Por la noche subí a la superficie y oí hablar a la gente. Era una conferencia de prensa. Un par de expertos norteamericanos en SONAR parecían muy intrigados por las señales. Uno dijo que no parecían hechas por un pez. ¿Pez? ¡Grrrrr, yo no soy un PEZ! ¿Pero qué va a saber él? De todas formas consiguieron localizarme también al día siguiente, pero entonces me esfumé. No iba a consentir que volvieran a atraparme con el SONAR, ¿verdad?

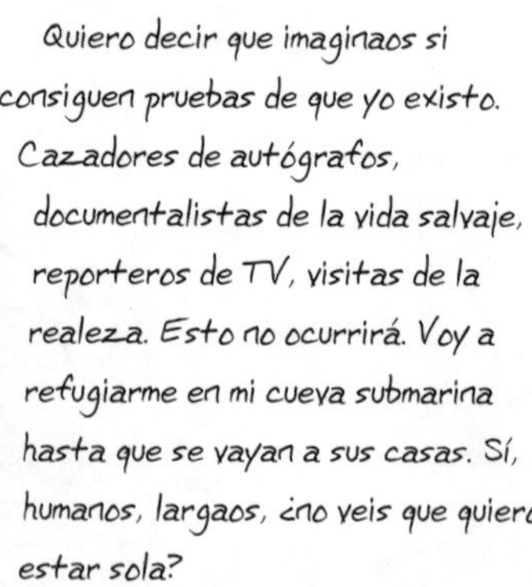

Quiero decir que imaginaos si consiguen pruebas de que yo existo. Cazadores de autógrafos, documentalistas de la vida salvaje, reporteros de TV, visitas de la realeza. Esto no ocurrirá. Voy a refugiarme en mi cueva submarina hasta que se vayan a sus casas. Sí, humanos, largaos, ¿no veis que quiero estar sola?

Lago Ness: la terrible verdad

Con el SONAR peinaron dos tercios del vasto lago Ness. Todo había sido planeado a conciencia. Pero la terrible verdad es que no pudieron demostrar que Nessie existiera. Todo lo que los científicos pudieron mostrar después de su arduo trabajo eran unas pocas marcas del SONAR en un plano. Los planos eran reproducciones de una pantalla de RADAR y las marcas indicaban objetos sólidos. ¿Había algún rastro de una criatura desconocida, de un ser gigantesco mucho mayor que cualquier tipo de pescado conocido? El expediente del monstruo del lago Ness permanece abierto.

¿Qué harías tú si consiguieras ver un monstruo enorme desconocido para la ciencia. ¿Tal vez...?

a) ¿Saltar de alegría?

b) ¿Saludarle?

c) ¿Gritar llamando a tu mamá?

Lo más probable es que emitieras alguna clase de sonido. ¿Quieres saber cómo? Será mejor que te aclares la garganta y leas el capítulo siguiente.

¡PERDÓN!

LOS TERRIBLES SONIDOS DEL CUERPO

Es estupendo ser como eres tú. ¡Puedes hacer tantos ruidos distintos! Algunos muy musicales, otros menos, y algunos sencillamente ordinarios. Después de hacer uno de esos ruidos ordinarios, ¿has observado que tus amigos también hacen ruidos? ¿Esos sonidos extraños que agitan nuestro cuerpo, como chillidos y rebuznos a los que llamamos «risa»?

Eructos, ventosidades y pedorretas

Aquí tienes cómo se hacen ciertos ruidos corporales divertidos, pero créeme, *no los hagas* si puedes evitarlos:

a) En clase de ciencia.

b) En las asambleas de la escuela ni a la hora de la comida.

c) Cuando vienen a comer parientes de postín.

O de lo contrario te caerá una buena.

Ventosidades

Se producen cuando el aire al salir hace vibrar la piel que rodea el ano. Puedes hacer ruidos similares aplicando los labios a tu brazo y soplando con fuerza.

Ronquidos

Se deben a la úvula (es la campanilla que tienes en tu garganta). Si una persona duerme boca arriba con la boca abierta, su respiración profunda hace oscilar la úvula. Puedes emitir ese desagradable sonido si te tumbas en esa posición y respiras.

¡A qué no lo sabías!

¿De manera que crees que tu papá/ tío/ abuelo/ perro/ gato/ cerdo ronca como una perforadora neumática? ¡Ah, eso no es nada! En 1993, Kare Walker, de Suecia, batió la marca roncando a 93 dB. Eso es más potencia que la de una discoteca realmente ruidosa. A propósito, lo mejor que se puede hacer con alguien que ronca no es darle un golpe en la cabeza. No, todo lo que hay que hacer es cerrarle la boca con delicadeza y volverle de costado. ¡Ah, paz, paz perfecta!

Eructos

El aire no sale de los pulmones sino del estómago. Las vibraciones del esófago (el conducto alimenticio que va de la boca al estómago) dan al eructo ese tono único y bastante simpático. Para eructar, procura presionar tu estómago con la boca bien abierta. Te ayudará el haber engullido tu comida en cinco segundos y bebido una bebida gaseosa.

Silbidos y canturreos

No son precisamente sonidos ordinarios, pero supongo que depende de cuando los hagas. Por ejemplo, no sería buena idea silbar cuando cantamos en la iglesia.

El canturreo es en parte el resultado de una serie de vibraciones de la piel que hay dentro de nuestras fosas nasales. Intenta taparte la nariz mientras canturreas y oirás lo importante que es.

Los silbidos suenan cuando el aire pasa a través del agujero redondo de tus labios formando como pequeños remolinos en tu boca cuyo interior hacen vibrar.

Hablando de vibraciones internas, hay muchísimos ruidos fascinantes dentro de tu cuerpo.

Ruidos insanos

Un día de 1751 el doctor austríaco Leopold Auenbrugg (1727-1809) observó que un comerciante golpeaba un barril de vino. El comerciante explicó que, por el sonido, sabía lo lleno que estaba. «Hummm –pensó el doctor–. ¿Me pregunto si esto serviría para el cuerpo humano?»

Después de mucho pensar, Auenbrugg escribió un libro. Había puesto en práctica un nuevo sistema para descubrir enfermedades. Aquí tienes tú también la oportunidad de probarlo.

¿Te atreves a descubrir cómo puedes oír tu propio pecho?

Necesitarás:

Dos cajas de plástico herméticas con sus tapaderas (representan tu pecho).

Tus manos.

Cómo debes hacerlo:

1 Llena de agua la mitad de una caja.

2 Coloca el dedo corazón de tu mano izquierda encima de la tapa de la caja vacía de modo que quede plano.

3 Da unos golpecitos con el nudillo del dedo corazón de tu mano derecha. Al dar los golpecitos tu muñeca se moverá hacia abajo con elegancia.

4 Trata de recordar el sonido.

5 Ahora repite los pasos 1-3 en la tapadera de la caja medio llena de agua.

¿Qué observas?

a) Los dos suenan exactamente igual.

b) La caja vacía suena a hueco y en la que hay agua el sonido es más agudo.

c) La caja vacía suena a hueco y en la que hay agua el sonido es más sordo.

Respuesta: c) Los médicos siguen utilizando este sistema para comprobar lo que pasa dentro de tu pecho. Si suena a hueco como un tambor quiere decir que hay aire en el espacio que rodea los pulmones (ahí debe haber líquido).

Expresiones terribles

Un médico te dice:

TENDRÉ QUE HACERTE UNA AUSCULTACIÓN.

¿Pegas un grito y pides que te anestesie?

Respuesta: No, eso sólo significa que quiere escuchar tu pecho con un estetoscopio. Auscultación es la palabra científica para la escucha de los ruidos internos de tu cuerpo.

El asombroso estetoscopio

Durante cientos de años los médicos tenían un método bien sencillo para escuchar la respiración y los latidos del corazón de sus pacientes.

Pero un día el tímido doctor francés René Laënnec (1781-1826) se encontró en una situación embarazosa.

Desesperado, recordó haber visto a unos niños que jugaban con un tronco hueco. Uno de los niños golpeaba el tronco por un lado y el otro escuchaba el sonido por el otro extremo.

De modo que Laënnec pensó que un tubo podría servir para oír mejor los sonidos. Y enrolló un periódico.

¡Éxito! Laënnec oyó latir el corazón de la joven con fuerza y claridad. Escribió un libro sobre esta nueva técnica y se hizo rico y famoso.

Pero, por desgracia, Laënnec cayó enfermo. Y el hombre que tanto había hecho para ayudar a los médicos a tratar las enfermedades del pecho, al fin murió de una enfermedad del pecho.

¡Apuesto a que no lo sabías!
Escuchando a través de un estetoscopio puedes descubrir una serie de enfermedades graves. Por ejemplo, cuando alguien sufre la enfermedad pulmonar llamada bronquitis, al respirar emite una especie de pitido o crepitación. Algunos médicos despiadados describen este horrible sonido como «el de una olla hirviendo».

Terribles sonidos: Ficha de datos

NOMBRE: Tu voz.

DATOS MÁS IMPORTANTES: Las ondas sonoras de una voz se ven afectadas por la forma del cráneo, la boca, etcétera, de su propietario. Por eso cada voz es distinta.

LOS TERRIBLES DETALLES: Las personas a quienes les han extirpado las cuerdas vocales pueden seguir hablando. Pero su voz sale convertida en apenas un susurro.

Aquí tienes de dónde sale tu voz:

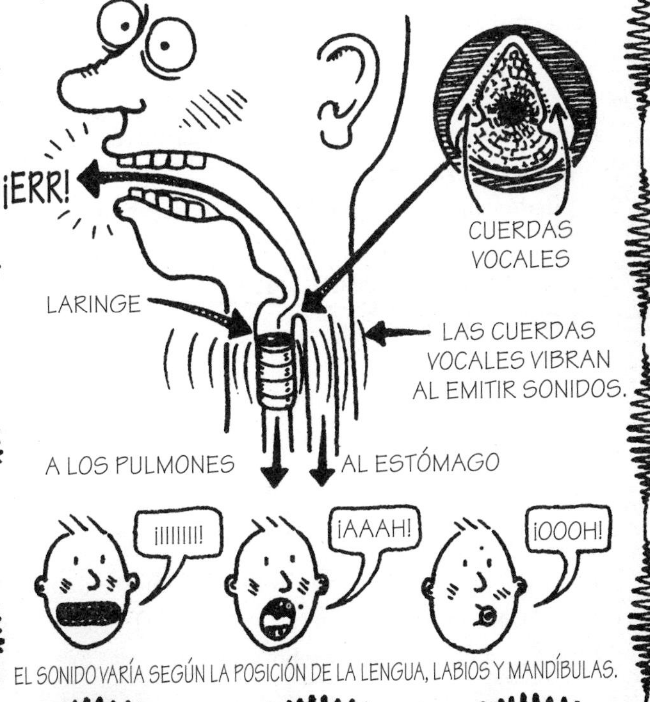
¡ERR!
CUERDAS VOCALES
LARINGE
LAS CUERDAS VOCALES VIBRAN AL EMITIR SONIDOS.
A LOS PULMONES
AL ESTÓMAGO
¡IIIIIII!
¡AAAH!
¡OOOH!
EL SONIDO VARÍA SEGÚN LA POSICIÓN DE LA LENGUA, LABIOS Y MANDÍBULAS.

¿Te gusta hablar? ¡Vaya pregunta más tonta! Es como preguntar si les gusta el agua a los patos y a los peces. Aquí tienes la oportunidad de averiguar cómo haces eso tan asombroso: darle a «la sinhueso».

1: ¿Te atreves a descubrir cómo hablas?

Necesitarás:

Una voz (preferiblemente la tuya).

Un par de manos (preferiblemente las tuyas).

Cómo debes hacerlo:

1 Pon el pulgar y el dedo índice ligeramente apoyados en tu garganta, de modo que la toquen pero no la presionen.

2 Ahora empieza a canturrear.

¿Qué notas?

a) Mi garganta parece que se hincha al canturrear.

b) Siento una vibración en mis dedos.

c) No puedo canturrear cuando me toco la garganta.

2: ¿Te atreves a descubrir cómo cambia tu voz?

Necesitarás:

Un globo.

Un par de manos (puedes utilizar las mismas del experimento 1).

Cómo debes hacerlo:

1 Soplar e hinchar el globo.

2 Dejar escapar parte del aire. Produce un fuerte sonido a pedorreta. (No, no lo hagas durante la asamblea.)

3 Ahora estira el cuello del globo y prueba otra vez.

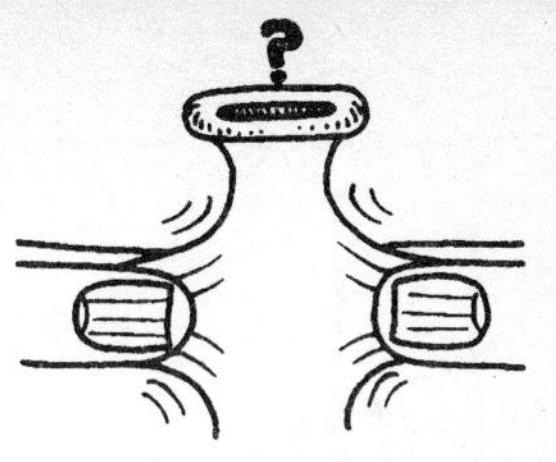

¿Qué notas?

a) No sale ningún sonido.
b) El sonido es más agudo.
c) El sonido es más estridente.

Respuesta: 1b) El hormigueo lo producen las vibraciones en tu garganta. Así es como sale la voz por las vibraciones de tus cuerdas vocales. **1c)** Deja de ahogarte. **2b)** Las cuerda vocales trabajan del mismo modo. Cuando más las tensas, más vibran. Y vibraciones más rápidas significan sonidos más agudos, recuérdalo.

Aprende a hablar

De acuerdo, probablemente ya sabes como se hace.

1 Pronuncia las letras A, E, I, O, U. ¿Notas algo? Todos los sonidos producen en tu boca complejas vibraciones de aire.

2 Ahora di S, B, P. Observa los que les ocurre a tus labios y a tu lengua. ¿Notas como se mueven? ¿Puedes pronunciarlas sin mover la lengua? Creo que no.

3 Di N, M. ¿Notas cómo parte del sonido parece salir de tu nariz? Tápate la nariz y verás lo que ocurre con el sonido.

Sigue probando. Con un poco de práctica podrás hacerlo tan bien como esas personas.

Esa horrible ciencia
Premios de vocalización

TERCER PREMIO:

En 1990, Steve Woodmore de Orpington, Inglaterra, pronunció 595 palabras en 56 segundos. Esas son aproximadamente todas las palabras que hay desde aquí a la página 106. ¿Podrías hacerlo tú?

SEGUNDO PREMIO:

En 1988, Analisa Wragg, de Belfast, Irlanda del Norte, gritó con una potencia de 121,7 dB, más fuerte que el ruido de toda una fábrica. Apuesto a que se enfadaría por algo.

GANADOR:

En 1983, Briton Roy Lomas, silbó a 122,5 dB. Más fuerte que el motor de una avioneta.

Algo que gritar

¿Has gritado a alguien alguna vez a voz en cuello? Me refiero con todas tus fuerzas, tan fuerte como puedas. Claro que lo has hecho. Y quizás al mismo tiempo has acercado tus manos a ambos lados de tu boca. ¿Te has fijado que así el sonido adquiere más potencia? Un megáfono no es más que un cono agujereado en un extremo, pero vaya diferencia. Aquí tienes cómo funciona.

Mega-boca Morland

El megáfono fue una idea genial del inventor británico Samuel Morland (1625-1695). Sam tuvo una vida fantástica, realmente sonora. Cuando era joven, Morland trabajó para el gobierno. Por aquel entonces, Gran Bretaña estaba gobernada por Oliver Cromwell y el rey Carlos II estaba exilado en Francia.

Una noche Morland oyó a su jefe y a Oliver Cromwell maquinar un complot para asesinar al rey. Morland se asustó y se hizo el dormido. Cromwell vio a Morland y decidió matarlo antes de que les descubriera.

Pero el jefe de Sam pudo convencer a Cromwell de que el joven se había dormido encima de su mesa. En 1660 Carlos regresó al poder y Sam le convenció de que siempre había estado de su parte.

Sam empezó a interesarse por la ciencia y construyó una bomba impulsora de líquidos muy potente. La estrenó lanzando agua y vino tinto a lo alto del castillo de Windsor.

Y también inventó el megáfono. Un día el inventor se metió en una barca y le habló a gritos al rey desde una distancia de 1 km. La historia no registró lo que dijo, pero pudo ser algo así:

Durante cientos de años el megáfono fue el único medio de llevar la voz humana a distancias relativamente largas. Y luego alguien hizo un descubrimiento de gran resonancia.

Cuadro de honor: Alexander Graham Bell (1847-1922)
Nacionalidad: británico-norteamericano

El joven Graham Bell estaba destinado a dejarse fascinar por el sonido, algo que le venía de familia. Su padre era un logopeda escocés que atendía a personas que tenían dificultades para hablar, cosa que le fue muy útil, porque la madre de Alexander tenía problemas de oído.

El joven tenía ideas propias. A la edad de 11 años cambió su nombre por el de Alexander Graham Bell en honor de un amigo de la familia. Desgraciadamente tener ideas propias no es conveniente si quieres seguir adelante en la escuela. Alexander aborrecía las lecciones fastidiosas y estrictas. (¿Te recuerda algo?)

Alexander dejó la escuela sin ninguna calificación y pensó hacerse marino, pero luego lo pensó mejor y eligió una vida de

AUTÉNTICO sacrificio y privaciones. Eso es, se hizo maestro. Cosa bastante sorprendente considerando que sólo contaba 16 años, más joven que algunos de sus alumnos. (Pero parecía mayor.)

En 1870, Alexandre se trasladó a Norteamérica con su familia y encontró un empleo para enseñar a niños sordos con dificultades para hablar. Al contrario que otros profesores, Graham Bell se mostraba siempre amable y simpático, y JAMÁS perdía los estribos. ¡Parece mentira!

Pero trabajaba por las noches en otras actividades secretamente. Empezó a idear una nueva máquina. Una máquina que pudiera llevar la voz humana a cientos de kilómetros. Una máquina que habría de cambiar el mundo para siempre.

¿Te gustaría ser científico?

De jovencito, Alexander Graham Bell sentía un profundo interés por la ciencia. Aquí tienes dos de sus experimentos favoritos. ¿Sabrías predecir los resultados?

1 Alexander y su hermano fabricaron una máquina parlante. Estaba hecha de madera, algodón, goma, un tubo de hojalata para la garganta y un cráneo humano auténtico.

El hermano de Alexander soplaba aire por la garganta del modelo para que el soplo pusiera en marcha la voz. Alexander movía los labios y la lengua del modelo para emitir los sonidos que nosotros llamamos palabras. ¿Pero funcionó la máquina? ¿Qué opinas tú?

a) El modelo jamás dijo una palabra, sólo lanzaba un sonido sibilante.
b) El modelo dijo: «¡Hola, papá!», con voz clara. El padre de Alexander vio el cráneo parlante y se desmayó.
c) El modelo hablaba con una voz estilo pato Donald.
2 Graham Bell decidió enseñar a hablar a su perro moviendo su mandíbula y su garganta. ¿Qué tal le fue?
a) Fatal. El perro se negó a pronunciar palabra.
b) De maravilla. Graham Bell fue el primer humano que sostuvo una conversación inteligente con un perro.
c) El perro aprendió a preguntar: «¿Como estás, abuelita?»

Respuesta: 1c) Llegó a decir: «Mamá». Los vecinos oyeron la voz y quisieron saber de quién era el bebé. **2c)** En realidad el perro dijo: «Guau gu gua gua». Pero Graham Bell consideró que el experimento había sido un éxito. Y fueron estos experimentos los que le abrieron el camino hacia su gran descubrimiento.

A Elisha Gray se le encendió la bombilla

Es bien cierto que quinientas noventa y nueve personas dijeron que habían inventado el teléfono antes que Bell. Quinientas noventa y ocho mentían con intención de sacar provecho del éxito del teléfono. Pero una de ellas, un norteamericano llamado Elisha Gray, decía la verdad.

Elisha Gray era un inventor profesional con empresa propia de la que en parte era propietaria la Western Union, la compañía de telégrafos. Había estado pensando en la manera de enviar sonidos a través de cables eléctricos y obtuvo algunos resultados satisfactorios.

Un día del año 1875, Gray vio a dos niños que jugaban con dos latas unidas por un cordel. Uno de los niños hablaba por una de las latas y el otro acercaba la suya al oído. Un bombilla se encendió en el cerebro del inventor. Se le ocurrió la idea de transmitir no sólo sonidos, sino voces reales a través del cable. Era idéntico al diseño de Bell, aunque los dos inventores no se habían visto nunca.

Gray consiguió presentar su idea un 11 de febrero, es decir un mes antes de que Bell expusiera sus ideas sobre el papel. De modo que Gray iba ya en camino de alcanzar fama y fortuna. Pero entretanto, Bell y su ayudante Thomas Watson trabajaban a todo gas en la construcción de su máquina. Su teléfono fue el resultado de dos años de arduo trabajo. Sus mejoras se basaban en las pruebas y los fallos. Estaba hecha de:

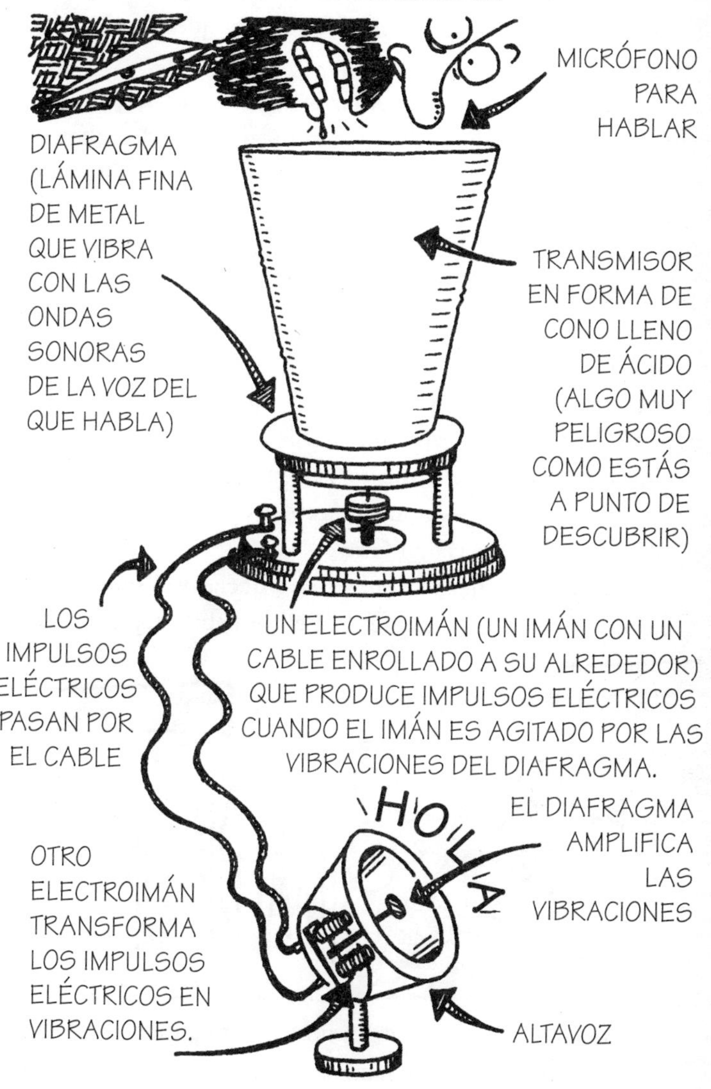

Había comenzado la carrera para alcanzar la gloria y ganar los importantes beneficios en metálico que se obtendrían con la nueva tecnología. Pero ninguno de los dos inventores conocía la existencia del otro, recuérdalo. De manera que no sabían que participaban en una carrera.

El paso siguiente era presentar los planos del invento en la Oficina de Patentes, lo cual otorga al inventor los derechos exclusivos para explotar su invento. ¿Pero quién iba a llegar primero, Gray o Bell?

Un frío día de san Valentín, el 14 de febrero de 1876, Elisha Gray se apresuró a ir a la Oficina de Patentes apretando en sus manos los planos de su nuevo teléfono. Eran las 2 de la tarde en punto. El reloj dio la hora en la pared. El empleado escribía sentado en una silla de alto respaldo. Gray carraspeó para llamar su atención. El empleado echó una ojeada a la solicitud de patente y luego la dejó sobre la mesa mientras meneaba la cabeza.

–Lo siento, señor. No puedo aceptar esta patente.

–¿Por qué no? –exclamó Gray.

–Me temo que llega usted tarde –declaró el empleado a modo de disculpa. La patente de Bell le había sido entregada dos horas antes.

–¡MALDICIÓN! –gritó el inventor defraudado.

Pero, entretanto, Bell y Watson no conseguía que su teléfono funcionara. Luego, el 10 de marzo, Alexander Graham Bell derramó parte del ácido del teléfono sobre su ropa e hizo que el primer teléfono del mundo sonara por accidente.

–¡Señor Watson, venga en seguida le necesito! –gritó quizás añadiendo entre dientes: «El ácido se está comiendo mis pantalones».

Thomas Watson corrió a ayudar a su jefe cuya voz había oído lejana y cascada a través del extraño aparato.

Ésta fue la primera llamada que dio lugar a las millones de líneas telefónicas actuales. Un momento definitivo en la historia moderna. Pero, cuando Bell llamó a Watson, no había preparado las palabras que iban a cambiar el mundo, como tampoco había planeado disolver sus pantalones.

(Algunos historiadores aburridos comentan que Watson no contó esta historia hasta cincuenta años después. ¿Sería cierto? Quizá. Tal vez Watson guardó silencio para evitar que su amigo Bell quedara en ridículo al saberse que el teléfono «sonó por casualidad).

De modo que Watson recibió una llamada de Bell y Elisha Gray fue derrotado. En 1877, Gray y la Western Union emprendieron una acción legal contra Bell y sus seguidores, reclamando que Gray había inventado el teléfono primero. ¿Quién ganaría? ¿Lograría Bell comerse el pastel o la historia de Gray le sonaría a cierta al juez?

¿Qué crees tú que ocurrió?

a) El juez estuvo de acuerdo con Gray. La reclamación de Bell era un fraude y tenía que entregar todos los beneficios a la compañía de Gray y dejar a Bell sin un céntimo.

b) Gray y Bell se pusieron de acuerdo para repartirse el dinero mitad y mitad. Era un trato ideal.

c) Gray perdió y tuvo que dejarlo. No sacó ni un céntimo.

Respuesta: c) Bell ganó porque lo había patentado primero. El juez dio a Bell y a sus amigos la patente, y el pobre Gray se fue con el rabo entre las piernas. Gray no advirtió el potencial del nuevo invento. Creyó que el teléfono no era más que un juguete. En cambio Bell y Watson habían trabajado día y noche para realizar su sueño. Pero Gray quedó convencido de que le habían robado.

Un éxito terrible

El teléfono fue un éxito inmediato. En 1887 había 150.000 teléfonos sólo en EE.UU. Para su inventor, fue la oportunidad de saborear beneficios. Pero, para Alexander Graham Bell, aquello era una pesadilla hecha realidad. En una ocasión dijo:

La cuestión financiera me es muy desagradable y no está en mi línea.

El caso es que Bell era más feliz siendo científico únicamente. De modo que, a la madura edad de 33 años, se retiró para dedicar el resto de su vida a la investigación. Y fue el creador de varios inventos incluyendo:

- Una sonda para encontrar balas incrustadas en el cuerpo.
- Una idea para sacar agua de la niebla.
- Una lancha super-rápida.

A Bell le encantaban las máquinas y aparatos, pero uno de esos aparatos en particular le ponía los nervios de punta: nunca permitía que hubiera un teléfono cerca de su laboratorio. Decía que le distraía de su trabajo.

RING RING
RING RING
¡AHORA TENGO QUE INVENTAR LA MANERA DE HACER QUE SE CALLE!

¡A qué no lo sabías!
En los primeros días de los teléfonos, hubo intentos para utilizarlos para trasmitir música. En 1889, una compañía de París utilizó las líneas telefónicas para retransmitir conciertos por altavoces en los hoteles. El público tenía que meter monedas en la máquina para escucharlo. ¡Suena espantoso!

Pero no tan mal como algunos terribles momentos musicales que encontrarás en el capítulo siguiente. ¿Puedes soportar conciertos alocados, músicos perturbados y sonidos estentóreos y disonantes? Si no es así, ponte unos buenos tapones de algodón en los oídos y, de todas maneras, sigue leyendo.

¡Es oficial! El 99,9% de nosotros reconoce que la música es fabulosa. Sí, la buena música puede hacer que nuestros corazones salten de júbilo. La música hace que el mundo cante, baile, ría e incluso llore emocionado por su belleza. ¿Y la mala música? Bueno, no es más que un dolor de cabeza.

¿Te gustaría ser científico?

Un científico de la universidad de California, utilizó un ordenador para mostrar cómo los nervios envían impulsos hacia el cerebro. Su colega le sugirió que hiciera que el ordenador trasformara los impulsos en sonidos. Y por asombroso que parezca, sonaban igual que música clásica. De modo que los científicos se preguntaron si escuchar música clásica podría hacer que el sistema nervioso funcionara con mayor efectividad. ¿Trabajaría mejor el cerebro?

¿TU CEREBRO FUNCIONA DEMASIADO DESPACIO? PRUEBA
La música clásica
¡Escúchala y conviértete en un supercerebro!
ANTES
DESPUÉS

Los científicos decidieron probarlo haciendo algunas preguntas capciosas a tres grupos de estudiantes.

Grupo 1: Tuvieron diez minutos de silencio antes de empezar.

Grupo 2: Escucharon una voz grabada en una cinta para estar más relajados.

Grupo 3: Escucharon Mozart. Diez minutos de música clásica.
¿Qué grupo hizo mejor prueba?

a) Grupo 1. Cualquier ruido distrae el cerebro. Por eso la gente necesita paz y tranquilidad para trabajar.

b) Grupo 2. El cerebro se estimula mejor con el sonido de la voz humana.

c) Grupo 3. ¡La teoría resultó correcta!

Respuesta: c) Esos estudiantes consiguieron 8-9 puntos más que los otros. ¿Esto no te ayudaría en el examen de ciencias? En 1997 los científicos de Londres descubrieron que los niños entre 9 y 11 años aprendían con más facilidad con música de fondo. ¿Por qué los profesores no animan con música las clases de ciencias?

Las investigaciones demuestran que escuchar música puede agilizar el trabajo mental debido a la similitud entre las ondas sonoras y las señales nerviosas.

Un estrépito molesto

A pesar de los poderes de la música para agilizar el cerebro, todo músico ha tenido que soportar alguna vez a gente antipática que odiaba su interpretación, lo cual viene a demostrar que la buena música, como la buena comida, son en realidad cuestión de gustos.

Aquí tienes un ejemplo: el compositor alemán Richard Wagner (1813-1883) compuso buena música, a menudo increíblemente estruendosa, para grandes orquestas. Tiene muchos admiradores, pero algunas personas piensan que su música es peor que un dolor de muelas. «Wagner tiene momentos sublimes, pero cuartos de hora insoportables», comentó Rossini (1792-1868). Otros comentarios sobre la música de Wagner fueron:

«Wagner me encanta, pero la música que prefiero es la que hace un gato cuando está fuera de la ventana y araña con sus uñas el cristal.»

Charles Baudelaire (1821-1867)

Mark Twain (1835-1910) opinaba que la música de Wagner sonaba fatal:

«...a veces la emoción es tan exquisita que apenas puedo contener las lágrimas. En esos momentos, cuando los bramidos y potentes voces de los cantantes, y el estruendo y explosiones de la gran orquesta suben y suben, y suenan cada vez más alto, lloraría».

Supongo que tu profesor de música siente lo mismo durante los ensayos del coro y de la orquesta de la escuela. Y hablando de grandes músicos, ¿sigues pensando en convertirte en una estrella del pop? Estupendo porque es hora de que vuelvas a reunirte con Pepe y Sandra en el estudio de sonido para tratar de una nueva etapa: aprender a cantar. (¡Tienes que admitir que a algunas estrellas del pop eso no les preocupa en absoluto, pero puede ayudarte!)

¿Te gustaría ser una estrella del pop? Segundo paso: Cantar

Sandra te explica la ciencia del canto:

En realidad es más difícil de lo que pensabas convertirte en un cantante experto, pero estos consejos deberían ayudarte:

1 Primero elige una canción para ensayar. Es mejor conocer la melodía y, por lo menos, algunas palabras de la letra.

¡Peligro para la salud!
Cantar fuerte puede perjudicar gravemente la vida de tu familia, tus animales domésticos y la de otras criaturas indefensas, como por ejemplo los profesores. Así que antes de empezar...
▶ Comprueba que no haya nadie que pueda oírte, por lo menos a unos 200 metros.
▶ Tápales las orejas a los animales de tu casa.
▶ Evita cantar cuando tus padres están viendo su programa de TV preferido o a primera hora de la mañana.

2 Colócate de pie con la cabeza hacia atrás y los hombros erguidos. Respira profundamente con la boca del estómago. Fácil, ¿no?

3 Ahora la cosa se complica. Empieza a cantar. Sigue respirando profundamente mientras cantas. Procura abrir la boca más de lo que sueles abrirla para hablar.

4 Te resultará más fácil dar notas más nítidas si sonríes mientras cantas. Pruébalo y verás.

5 Está bien, basta de canto. ¡HE DICHO QUE BASTA! Ahora viene lo más difícil: no desafinar. (Algunas personas nunca lo consiguen.) Intenta dar la misma nota que una tecla del piano o la de un disco. (¿Suena igual?) En el piano las notas están ordenadas por tonos. Tal vez las conozcas:

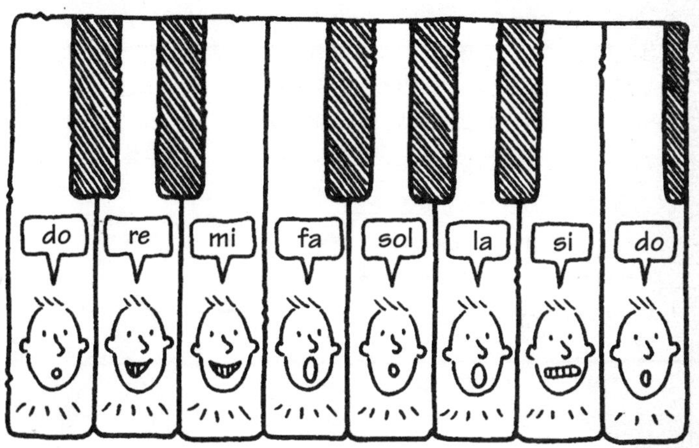

¡A qué no lo sabías!

¿No es asombroso que puedas oír a un cantante aunque la orquesta esté tocando muy fuerte? Sin duda el estruendo de tantos instrumentos distintos debería bastar para ahogar la voz del cantante, pero no es así, y la razón es porque la voz de un cantante experto puede sonar a 2500 Hz, cinco veces más alto que la mayoría de los sonidos que emite la orquesta. Por eso oyes al cantante con toda claridad.

Pero el secreto musical más sorprendente está en las vibraciones. Sí, hablamos otra vez de resonancias, pero cuidado, esta información puede darte una buena SACUDIDA.

Sonidos desagradables: Ficha de datos

NOMBRE: Resonancia

DATOS MÁS IMPORTANTES: Todo tiene una frecuencia natural de resonancia. Es la velocidad con la que vibra con más facilidad. Cuando las ondas sonoras dan contra un objeto con la misma frecuencia natural, el objeto empieza a vibrar. Por tanto el sonido aumenta. Así es como funcionan la mayoría de instrumentos musicales (ver página 122).

LOS TERRIBLES DETALLES:

1 Si cantas con una cierta potencia, la resonancia puede hacer vibrar tus ojos.

2 Una cantante con experiencia puede cantar a la frecuencia natural de resonancia de un cristal y hacerlo vibrar. Algunas cantantes incluso han llegado a romper el cristal al dar una nota con mucha potencia.

¿QUÉ TE PARECE?
¡DEMOLEDORA!
¡LAAAAA!

¿Te atreves a intentar hacer resonar los sonidos?

Necesitarás:

Una caracola de esta forma:

Cómo debes hacerlo:

Acércatela a la oreja y escucha.

¿Cuál es la causa de esos sonidos misteriosos?

a) El eco fantasmal del mar.

b) El ruido que te rodea resuena en la caracola.

c) Sonidos ligeros almacenados por estructuras químicas en la caracola y emitidos por el calor de tu cuerpo.

COMPRUEBA PRIMERO QUE NO VIVA NADIE DENTRO DE LA CARACOLA.
¡VAYA, DEBÍA HABERLO DICHO ANTES!

Respuesta: b) Algunos de los sonidos que oyes son el paso del aire que emite tu propio cuerpo acalorado y sudoroso. Normalmente no puedes oírlos, pero la resonancia del caracol aumenta el sonido. (Podrás oír sonidos semejantes si colocas la mano ahuecada sobre el oído.) Esto ayuda a bloquear los ruidos que pueden distraerte. Por eso las estrellas del pop cubren con sus manos los auriculares cuando cantan. Les ayuda a concentrarse en la música que les llega a través de ellos. Eso no tiene nada que ver con lo mal que cantan.

¿Te gustaría ser una estrella del pop? Tercer paso: Instrumentos musicales

Para ser una auténtica estrella es una ayuda saber hacer algo más que sólo cantar. ¿Por qué no aprendes a tocar algunos instrumentos para impresionar a tus fans? En el estudio, Pepe y Sandra comparan notas en instrumentos musicales.

Cuerdas y cosas

Un instrumento de cuerda consiste en cuerdas tensadas sobre una caja vacía.

Para tocar el instrumento has de pulsar o tirar de una cuerda.
¡Humm!
CUERDA
LAS VIBRACIONES DE LAS CUERDAS HACEN QUE EL AIRE DEL INTERIOR DEL INSTRUMENTO VIBRE. LA RESONANCIA PRODUCE EL SONIDO.
AMPLIFICADOR
Asombroso, cuanto más fuerte pulsas, más fuerte es el sonido.
¿Llamas a esto potencia?
¡Esto es potencia!
LA GUITARRA ACÚSTICA DE SANDRA SUENA POCO COMPARADA CON UNA ELÉCTRICA QUE AL PULSAR LAS CUERDAS ENVÍA SEÑALES ELÉCTRICAS A LOS AMPLIFICADORES.

Expresiones terribles

Un científico dice:

SIEMPRE HE
QUERIDO TENER
UN CORDOFONO
COMO ÉSTE.

¿No crees que un *cordofono* es lo mismo que un violín?

Respuesta: No. Un *cordofono* es la palabra técnica dada a cualquier instrumento de cuerda. El violín es uno más. Significa «el sonido de la cuerda» en latín. A propósito, los instrumentos de viento son *aerófonos* (no aeroplanos, tonto), los tambores son *membráfonos* y los de percusión son *idiófonos*. No, no quiere decir que los toquen los idiotas, aunque sean los instrumentos más fáciles de tocar.

Un rápido interludio musical

Probablemente habrás visto a alguien «tecleando» un piano. Incluso puede que lo hayas hecho tú mismo. ¿Pero sabías que el piano también es un instrumento de cuerda? He aquí cómo funciona:

1 Presiona una tecla del piano y moverás una serie de palancas.

2 Las palancas levantan un martillo que golpea un alambre tensado que da la nota.

Pero las cosas pueden salir mal. Por ejemplo, el fieltro que hay entre las teclas del piano puede absorber la humedad del aire y abombarla. Las teclas se enganchan y el pianista toca dos notas en vez de una. Y entonces se producen escenas terribles. Esto es lo que ocurrió realmente en el hotel Erawan de Bangkok, Tailandia.

Te alegrará saber que el gerente del hotel, dos guardas de seguridad y un agente de policía que pasaba por allí impidieron que el señor Kropp destrozara totalmente el piano. Si estás aprendiendo a tocarlo espero que esto no te dé alguna idea.

Instrumentos de viento

Para emitir un sonido realmente melodioso, probablemente necesitarás algo más que instrumentos de cuerda. ¿Que tal si añades algunos instrumentos de viento? Un saxofón tenor, un clarinete soprano o una flauta travesera.

Nota: Los instrumentos de viento antiguamente se hacían de madera. Ahora suelen ser de metal u otros materiales.

Sandra se ha ofrecido para enseñarnos a tocar algunos instrumentos de viento. Incluso una botella de leche. Es algo parecido a soplar en una flauta. Hay que soplar por encima de la boca de la botella.

Bien, en teoría el aire vibra dentro de la flauta para emitir el sonido. En un saxofón o clarinete la lengüeta de la boquilla vibra cuando soplas para conseguir el mismo efecto.

Recuerda que las cosas grandes emiten un sonido más grave cuando vibran.

Metal

Una fanfarria de trompetas añadiría pomposidad a tu éxito. Entre los instrumentos de metal se incluyen:

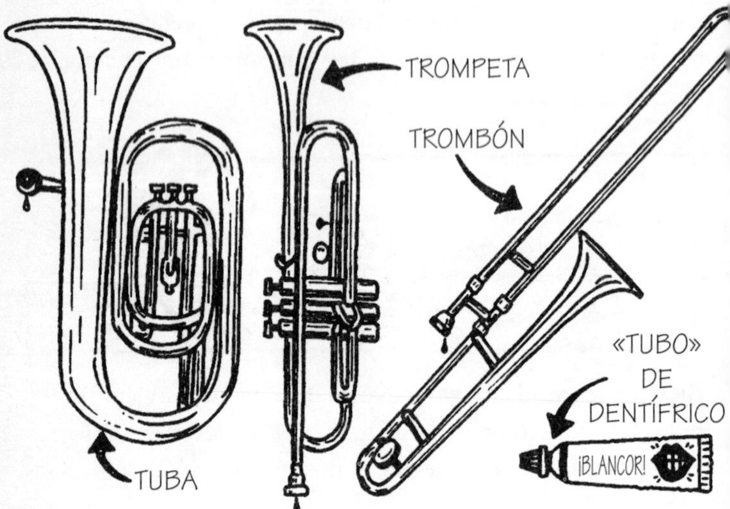

Igual que en los instrumentos de madera, el sonido se consigue por el aire que vibra en el interior del instrumento. Pero las vibraciones suenan de una manera especial, según muevas los labios. Sandra, a pesar de su gesto chocante, nos lo explica.

Como en los instrumentos de madera, tapando los agujeros se consigue un sonido más grave.

Broma al profesor a la hora de merendar

¿Tienes agallas? Pues ahora tienes la oportunidad de asombrar a tu profesor con una pregunta vital y científica. Golpea con decisión la puerta de la sala de profesores y, cuando entres, sonríe dulcemente y di:

ME PREGUNTO, ¿POR QUÉ SU TETERA SILBA CUANDO ESTÁ A PUNTO DE HERVIR Y DEJA DE HACERLO CUANDO HIERVE EL AGUA?
¿EL QUÉ?

Respuesta: Esperemos que tu profesor no hierva de indignación por la interrupción. La respuesta a tu pregunta es que igual que un instrumento de viento, el sonido lo produce el aire al vibrar. Mientras se calienta el agua, se forman burbujas que estallan al llegar a la superficie. El aire vibra en la cafetera y produce el sonido que oyes. Cuando el agua ha hervido las burbujas no estallan y el sonido cesa.

Percusión peculiar

Entre los instrumentos de percusión se incluye todo lo que puedas golpear para hacer ruido.

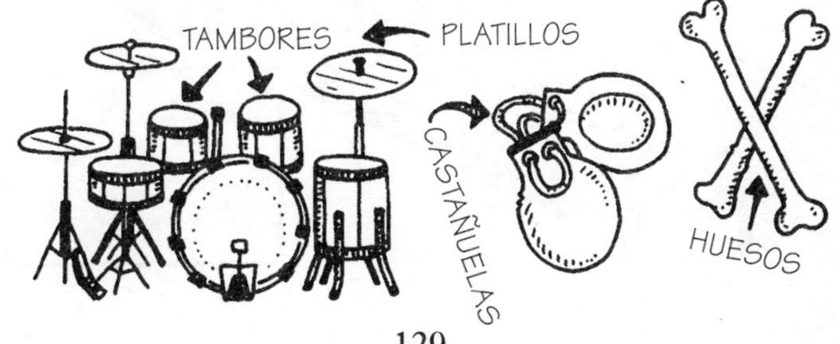

Y ahora ¿qué te parece un buen tamborileo? Le dará ritmo a tu canción. Es fácil hacer ruido con los tambores, sólo hay que pegarles con los palillos. (No, con muslos de pollo, no.)

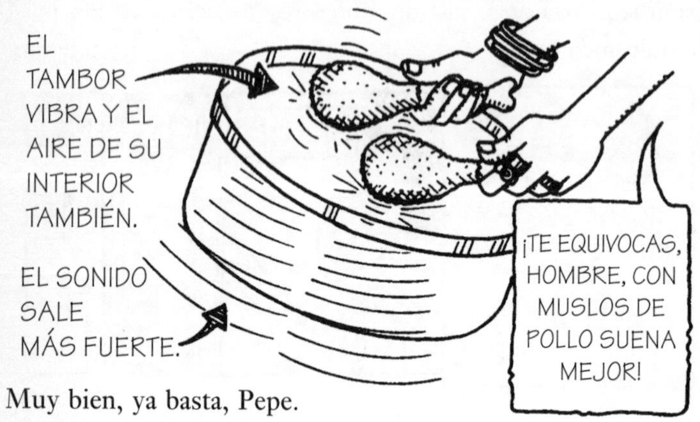

EL TAMBOR VIBRA Y EL AIRE DE SU INTERIOR TAMBIÉN.
EL SONIDO SALE MÁS FUERTE.
¡TE EQUIVOCAS, HOMBRE, CON MUSLOS DE POLLO SUENA MEJOR!

Muy bien, ya basta, Pepe.

¡A qué no lo sabías!

¿Cuál es el instrumento más versátil? Imagínate una máquina asombrosa capaz de emitir el sonido de cualquier instrumento del mundo. ¿Imposible? Pues no, existe. Se llama sintetizador.

Éste es su aspecto:

¿QUÉ TE PARECE, SANDRA?
ES ALGO... CÓMO TE DIRÍA... NO PARECE UNA ORQUESTA SINTÉTICA.

He aquí cómo se usa:

1 Es asombroso, sólo tienes que ajustar unos controles y escoger el instrumento que quieres que suene.

2 El sintetizador produce señales electrónicas que son más fuertes o más débiles según las ondas sonoras del instrumento que quieras copiar.

3 Las señales van a un amplificador y se convierten en sonidos muy similares a los del instrumento elegido.

4 El sintetizador tiene teclas para que puedas tocarlo como un piano. Pero suena muy distinto.

El supersampler y el mezclador

Hacer música es divertido, pero ahora se vuelve de lo más complicado. Tienes que grabar varios instrumentos y mezclarlos. Pepe pudo hacerlo con la ayuda de una fantástica máquina. O más exactamente dos máquinas en una.

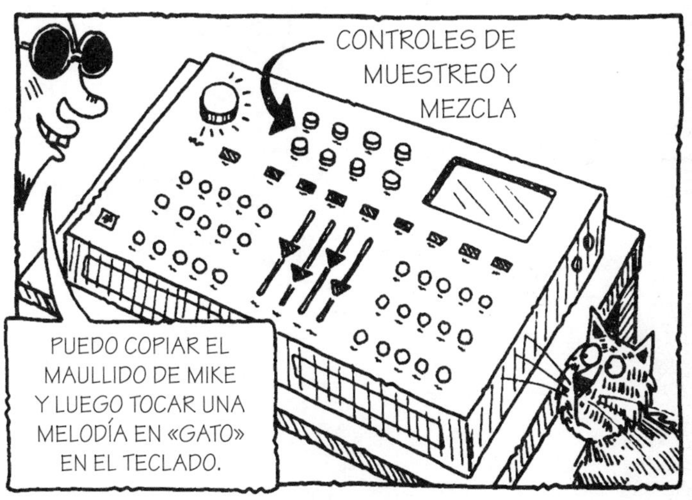

CONTROLES DE MUESTREO Y MEZCLA
PUEDO COPIAR EL MAULLIDO DE MIKE Y LUEGO TOCAR UNA MELODÍA EN «GATO» EN EL TECLADO.

El mezclador permite a Pepe grabar y reproducir el sonido de tu voz por encima del sonido de los instrumentos. La parte de la máquina destinada a las mezclas puede grabar CUALQUIER sonido, por ejemplo, el molesto maullido de un gato y tocarlo a distinta velocidad. Producir un sonido con más reverberación. Incluso puede reproducir el sonido hacia atrás. Con un aparato así tu voz saldría incluso más brillante.

¿Cómo te sientes? ¿Deseando armar ruido? ¿O necesitas un refresco y un par de aspirinas? Pepe y Sandra volverán más adelante con máquinas y sonidos algo más serios. Pero, por ahora, conserva los oídos bien tapados, porque el capítulo siguiente METE MUCHO RUIDO y suena muy mal.

¡PLONK!
¡PAM!
¡PUM!
¡CRAC!
¡PLINC!

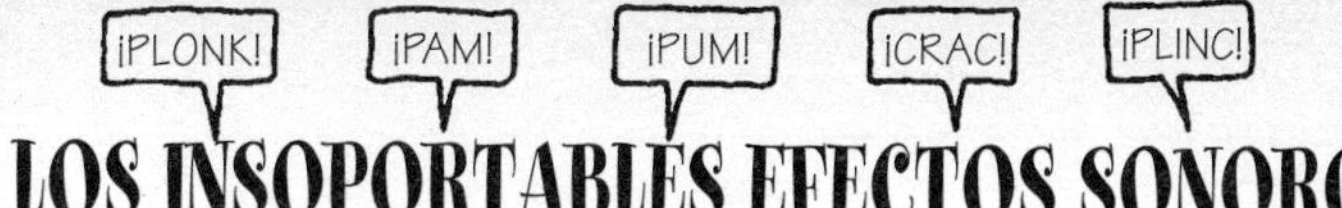

LOS INSOPORTABLES EFECTOS SONOROS

Aquí llega lo que estabas esperando, la oportunidad de hacer sonar tu propia trompeta, y todo lo demás también. No necesitas instrumentos caros para hacer tu propia música. La buena noticia es que puedes obtener efectos sonoros insoportables utilizando objetos de uso cotidiano.

Una curiosa orquesta

Los músicos han utilizado cosas realmente curiosas y otras de lo más espantoso para hacer instrumentos «musicales». ¿Cuál de estos «instrumentos» no ha sido tocado jamás en público? VERDADERO/FALSO

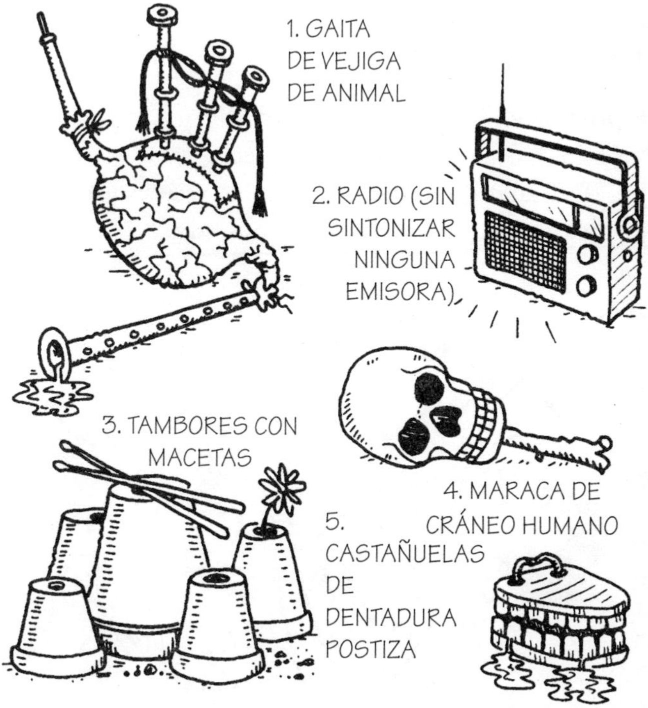

1. GAITA DE VEJIGA DE ANIMAL
2. RADIO (SIN SINTONIZAR NINGUNA EMISORA)
3. TAMBORES CON MACETAS
4. MARACA DE CRÁNEO HUMANO
5. CASTAÑUELAS DE DENTADURA POSTIZA

Respuesta: 1-4 VERDADERO. 1 En la Edad Media había un instrumento hecho con una lengüeta, una boquilla y una vejiga. Debía sonar como una serie de gaitas con mala digestión. ¿Alguien quiere probarlo? 2 En 1952 el compositor estadounidense John Cahe (nacido en 1912) escribió una pieza de música para ser ejecutada «tocando» un aparato de radio. Un músico controlaba el volumen y otro hacía girar el dial. 3 En un concierto de Chicago en 1942, la esposa de John Cage tocaba macetas con palillos. El público pensó que sonaban maravillosamente (cuando se acostumbraron). 4 Estos horribles instrumentos se encuentran en muchas partes del mundo. El cráneo se llena de piedras de río o dientes sueltos. (¡Eso haría estremecer a tu profesor de música!) 5 FALSO, que nosotros sepamos.

Y ahora es tu turno:

Insoportables instrumentos cotidianos

Por ejemplo, coge unas botellas de leche u otras botellas de cristal. (En realidad es mejor que primero vacíes su contenido.)

Para tocar con una botella de naranjada

1 Beber (sorber).

¿Te atreves a intentar hacer música con botellas?

Necesitarás:

Tres botellas idénticas.

Agua.

Una cuchara.

Lo que debes hacer 1:

1 Llenar una botella con 2,50 cm de agua.

2 Soplar suavemente por encima del cuello de la botella. El sonido que oirás es el aire que vibra en el interior arriba y abajo.

3 Llena de agua otra botella hasta la mitad.

4 Sopla por encima del cuello como antes.

¿Qué notas?

a) El sonido es más agudo en la botella casi vacía.

b) El sonido es más grave en la botella casi vacía.

c) El sonido es más fuerte en la botella medio llena.

Ahora prueba esto:

Lo que debes hacer 2:

1 Llena de agua tres cuartas partes de una tercera botella.

2 Pon en fila las botellas.

3 Golpea cada una de ellas con una cuchara.

¿Qué notas?

a) El sonido es más agudo en la botella casi vacía.

b) El sonido es más grave en la botella casi vacía.

c) Cuando das con la cuchara en las botellas, el agua salpica por todas partes.

Respuesta: 1b) ¿Recuerdas que los instrumentos de mayor tamaño emiten sonidos más graves? Cuando vibra una zona de aire mayor, vibra más despacio, y eso hace que el sonido sea más grave. Hay mucha cantidad de aire en la botella casi vacía, de modo que las vibraciones son de frecuencia más baja y el sonido también es más grave. **2a)** Al golpear la botella con la cuchara vibra el cristal. Hay muy poca cantidad de agua en la botella casi vacía (exclamaciones de asombro) y por eso el cristal vibra más deprisa y el sonido es más agudo. Si has elegido c) ¡PARA, no pegues tan fuerte!

Kazoo (instrumento primitivo de origen africano)

El kazoo produce un ruido interesante aunque un tanto peculiar. He aquí cómo puedes construir el tuyo:

Necesitarás:

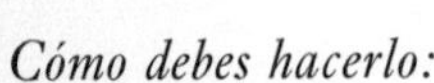

Un trozo de papel encerado.
Un peine.

Cómo debes hacerlo:

1 Dobla el papel encerado alrededor del peine como se indica.
2 Presiona los labios contra el borde del papel como ves en el dibujo.
3 Ahora viene el truco. Junta los labios, pero que queden un poco abiertos, y canturrea una canción. El aire que saldrá de tu boca hará vibrar el papel.
4 Los curiosos efectos sonoros son producidos por la vibración del papel encerado.

ATENCIÓN: El kazoo volverá loco en cosa de tres minutos a cualquier adulto que pueda oírlo. Si tocas con él mientras tus padres ven la televisión, o después de que se hayan acostado, en el coche o en un lugar público, peligrará gravemente tu asignación semanal.

¡A qué no lo sabías!
El kazoo más grande de la historia del universo fue hecho en Nueva York en 1975. Medía 2,1 m, más que la altura de una puerta, y 1,3 m de ancho, tanto como la anchura de un coche pequeño. «Ni se te ocurra» hacer un kazoo tan grande.

Regla vibrante

Necesitarás:

Una regla de 30 cm (de madera o bien de plástico).
Una mesa.

Cómo debes hacerlo:

1 Coloca la mitad de la regla sobre la mesa y la otra mitad fuera. Sosténla con una mano sobre la mesa.
2 Da un golpe seco en el extremo libre de la regla con la otra mano.

3 Puedes colocar la regla a distintas longitudes fuera de la mesa para conseguir notas distintas. Comprobarás que las notas serán más graves cuanto más trozo de regla esté fuera de la mesa. Sí, lo has pillado, es porque esa zona más larga vibra más despacio y emite un sonido más bajo.

¡PELIGRO PARA LA SALUD!
No caigas en la tentación de hacer sonar tu regla durante la clase de ciencias. De lo contrario, tu profesor puede caer en la tentación de utilizar también la regla en ti como ejemplo de resonancia.

Cucharas sonoras

Las cucharas pueden producir magníficos sonidos. El modo más sencillo de obtenerlos es golpeando una cuchara contra otra. Esto es mejor hacerlo en la intimidad de tu propia casa y no en la cantina de la escuela. Por favor, toma nota: He dicho golpear una cuchara contra otra y no golpear la cuchara contra...

a) Cualquier objeto de adorno de valor incalculable. Esto produciría un efecto que lamentarías toda la vida.

b) La cabeza de tu profesor. Los efectos serían demasiado dolorosos para mencionarlos siquiera.

Sistema estéreo de supercucharas

Si quieres experimentar sonidos vibrantes de cuchara en un espectacular estéreo, prueba este método de alta tecnología. Adelante, es realmente asombroso.

Necesitarás:
Un cordel.
Una cuchara de metal.

Cómo debes hacerlo:

1 Ata un trozo de cordel al mango de la cuchara como se indica.

2 Presiona los extremos del cordel dentro de tus oídos. Deja que la cuchara golpee contra una mesa. (No, no me refiero a los objetos a) y b) de más arriba. Un increíble efecto sonoro, ¿verdad? Los objetos sólidos como el cordel son buenos transmisores de las ondas sonoras, ¿recuerdas? Por eso puedes oír tan asombrosamente bien varios sonidos producidos por la vibración de la cuchara.

3 Prueba de sostener la cuchara por un sólo extremo del cordel mientras la golpeas suavemente con otra cuchara de metal. Incluso puedes tocar una canción.

4 Haz experimentos con cucharas de distintos tamaños y objetos metálicos como coladores, pinzas, etcétera.

Terribles efectos sonoros

Con los sonidos se pueden hacer muchas más cosas que ruido. ¿Qué te parece producir efectos sonoros que den miedo? Podrías grabarlos en una cinta y luego comprobar su efecto. ¡A ver si tus amigos saben distinguir qué es cada uno!

Un grito espeluznante

Frota un cristal con espuma de poliestireno. Los chillidos que oyes son en realidad ondas sonoras causadas por las diminutas protuberancias del poliestireno, al rozar con rapidez el cristal. ¡Recuerda, no hagas estos ruidos en momentos poco adecuados o tendrás que aguantar los chillidos de tu familia también!

Una horrible mosca gigante

Necesitarás:

Una bolsa vacía de cereales (es esa bolsa impermeable que hay dentro de los paquetes de cereales).

Un vaso.

Una mosca.

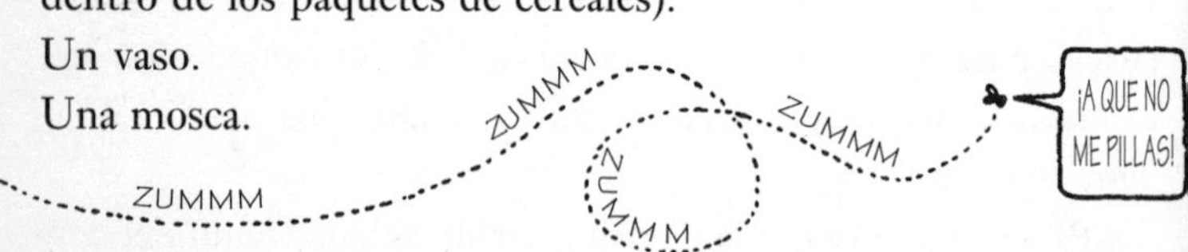

Cómo debes hacerlo:

1 Atrapa una mosca y ponle encima un vaso de plástico. Con cuidado, ¡recuerda que las moscas también tienen sentimientos!

2 Rápidamente pon la bolsa de cereal debajo del vaso y sacúdelo para que la mosca entre en ella.

3 Acerca la bolsa a tu oído. Los pasos y zumbido de la mosca resuenan en la bolsa con un estruendo terrible.

4 Después deja salir a la mosca. Al fin y al cabo, éste no es un experimento biológico, sino un superexperimento de efectos sonoros.

Un pío-pío espectral

Necesitarás:

Media cerilla usada.
40 cm de cordel fino.
Un vaso de yogur con tapadera.
Una tijera.
Cinta adhesiva.

Cómo debes hacerlo:

1 Haz un agujero cuadrado de 1 cm en un lado del vaso.

2 Pide ayuda para que te hagan un agujero pequeño en el fondo del vaso, lo suficiente para que pase el cordel.

3 Ata un extremo del cordel a la cerilla. Coloca la cerilla dentro del vaso y pasa el cordel por el agujero del fondo.

4 Tapa el vaso y sujétalo con cinta adhesiva.

5 Haz girar el vaso alrededor de tu cabeza para conseguir un sonido espectral.

No quieras hacerte el vivo, tonto. No te lances a zumbarlo cerca de personas o adornos de mucho precio, o de lo contrario ya puedes contar con la reprimenda de tus padres.

Efectos sonoros fantásticos

Lo más increíble del cerebro humano es que no sólo podemos oír sonidos sino que, al instante, sabemos lo que son. Podemos recordarlos desde la primera vez que los oímos. Por eso reconoces el curioso ruido hecho por el profe cuando está a punto de perder los estribos y puedes agacharte para buscar refugio.

Si escuchas una obra de teatro por la radio podrás oír los efectos sonoros que la acompañan. ¿Cuál es tu opinión? ¿Puedes vincular el efecto sonoro con la manera de producirlo? No quedarás descalificado si intentas copiar los efectos sonoros. Procura grabarlos en una cinta y luego vuelve a escucharlos a todo volumen.

a) APLASTAR UNA CAJA DE CERILLAS DE MADERA
b) ARRUGAR PAPEL DURO
c) SACUDIR UNA CAJA CON GUISANTES DENTRO
d) GOLPEAR UNA BOTELLA DE AGUA CALIENTE
e) GOLPEAR DOS ENVASES DE YOGUR

Respuestas: 1e), 2d), 3c), 4b), 5a)

Si te ha interesado grabar estos sonidos, es probable que no te sorprenda oír que han sido todos grabados para ser utilizados en obras retransmitidas por radio. Y si quieres saber más cosas del misterioso mundo de la grabación de sonidos, aprieta el botón y sintoniza el próximo capítulo.

¡SIGUE LEYENDO Y TE ASOMBRARÁS!
E

Ningún sonido dura eternamente, se va muriendo a medida que las vibraciones pierden energía. Esto es una buena noticia si el sonido es desagradable. No importa lo malo que haya sido tu concierto en la escuela. Una vez ha terminado, ha terminado. Pero gracias a esta increíble invención de la grabación del sonido, tu familia puede escuchar todas las veces que quiera el espectáculo completo de tu escuela lleno de gritos, berridos y chillidos. ¡AAAGGGGGGG! ¿Quién tiene la culpa?

Cuadro de honor: Thomas Alva Edison
(1847-1931) Nacionalidad: norteamericano

El joven Thomas, o Al como le llamaban, era una desgracia en la escuela. (¿Dónde hemos oído eso antes?) Su profesor le dijo:

Y después a su madre:

En realidad, nadie parecía darse cuenta de que el joven Al no oía demasiado bien, de modo que no entendía con claridad a sus profesores. Una suerte para él, considerando las cosas tan crueles que le decían. Pero tuvo más suerte todavía porque sus padres fueron amables y comprensivos. Sacaron a su hijo de la escuela y le enseñaron en casa. «¡Qué suerte! –les dijo–. Me parece un milagro!» A Al le encantó. Convirtió la leñera del patio de su casa en laboratorio de química y lo quemó cuando un experimento le salió mal. A la edad de diez años montó otro laboratorio en el sótano que fue escenario de montones de fascinantes experimentos cuyos resultados generalmente eran olores apestosos, ropas quemadas y muebles destrozados.

Luego, a la edad de doce años, Al decidió buscar empleo y empezó a trabajar vendiendo periódicos y bebidas en los trenes locales. Esto le dejaba mucho tiempo libre para convertir el vagón de equipajes en un laboratorio de química móvil cuyos resultados fueron... lo has adivinado... olores apestosos, ropas quemadas y muebles destrozados.

El joven Al no estaba hecho para ser vendedor de periódicos. (Su destino era ser inventor y científico.) Su nuevo trabajo fue el de empleado de telégrafos. Trabajaba sólo de noche.

Pero encontraba el trabajo demasiado aburrido y por eso inventó una máquina que enviaba por telegrafía una señal especial cada hora para demostrar a sus jefes que seguía despierto... mientras dormía. La máquina funcionaba perfectamente hasta que una noche hubo una llamada del exterior mientras Al estaba en el país de los sueños. Y el resultado fue que le despidieron.

Durante un tiempo, Edison pasó de un empleo a otro. Era una persona desaliñada. Apenas se lavaba y no daba importancia a la comida. (¿Conoces a alguien así?) Solía trabajar de noche para poder pasar el día haciendo experimentos científicos. Su gran oportunidad le llegó en Nueva York.

Dormitaba en la oficina de un amigo porque no tenía otro sitio a donde ir, cuando se estropeó un aparato. Era una especie de telégrafo que se utilizaba para enviar información financiera. Como Edison, que era un mago de la telegrafía, arregló la máquina y logró que funcionara mejor que antes, los dueños de la compañía quedaron tan impresionados que le ofrecieron trabajo.

De hecho, la Western Union también se interesó por aquel joven tan despierto y le ofreció un buen contrato para que inventara un telégrafo mejorado. ¿Podrías tú conseguir un éxito semejante? ¿Podrías compararte con el gran Edison?

Thomas Edison a prueba

Imagínate que eres Thomas Alva Edison. Todo lo que has de hacer es decidir cómo actuarías en cada situación.

1 Tienes un problema técnico con una compra urgente de valores que enviar a través del telégrafo. ¿Cómo lo resuelves?

a) Te encierras en el laboratorio y envías a todos de vacaciones hasta que el problema esté resuelto. (Las personas que están de vacaciones tienen buenas ideas.)

b) Encierras a toda la plantilla en el laboratorio hasta que el problema esté resuelto.

c) Te encierras en el laboratorio durante sesenta horas sin comer hasta que el problema esté solucionado.

2 Tienes que resolver un problema científico serio. ¿Qué haces?

a) Convocas una reunión con tus científicos y discutís la cuestión. Asegúrate de que todos den su opinión.

b) Te encierras en un armario y permaneces allí dentro hasta que se te ocurra una solución.

c) Haces que tus empleados realicen experimentos peligrosos para demostrar tus teorías.

3 En 1871 te casas con una joven llamada Mary Sitwell. ¿Cómo pasas el día de tu boda?

a) Te tomas una semana libre.

b) Asistes a la boda, pero pasas el resto del día en el laboratorio trabajando en un proyecto científico.

c) Pasas todo el día en el laboratorio y pides a tu mejor amigo que vaya a la boda en tu lugar.

4 Decides mejorar el teléfono. El cono lleno de ácido inventado por Alexander Graham Bell no recogía muy bien los sonidos. Buscas una alternativa y descubres que los gránulos de carbón son ideales para transmitir las ondas sonoras. ¿Cuántas sustancias pruebas primero?

a) 200 b) 2000 c) 20.000

Respuestas: b) Es la respuesta adecuada para todas las preguntas. Por favor, observa que **2b)** es una cosa insana, de modo que no lo intentes.

Lo que significan tus respuestas.

Todo **bes**, enhorabuena, serías un gran inventor. Todo **as**, eres demasiado apocado. Será mejor que busques quien te sirva una reconfortante bebida fría mientras lees este libro. Todo **ces**, eres demasiado duro y exigente con todo el mundo, incluido tú mismo. No importa, siempre puedes ser profesor.

Durante los años de 1870, Edison hizo una serie de inventos importantes. Después de trabajar en el teléfono se interesó por la idea de almacenar y poder volver a oír después ondas sonoras, y en 1877 hizo un descubrimiento increíble.

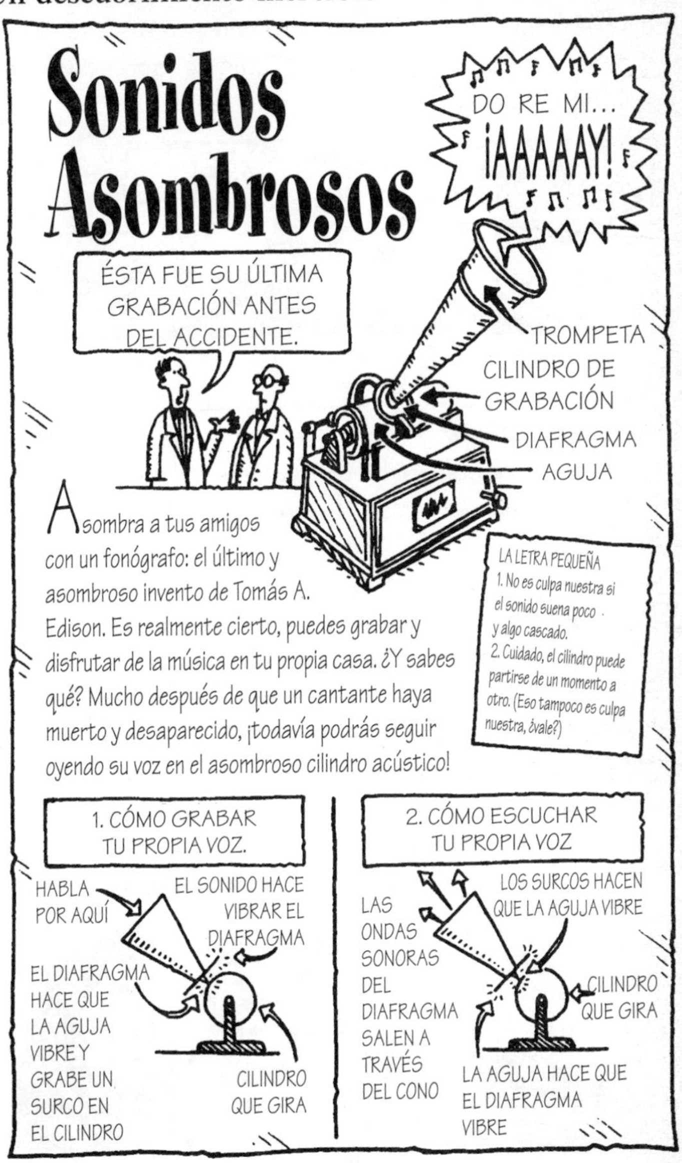
Sonidos Asombrosos
DO RE MI...
¡AAAAAY!
ÉSTA FUE SU ÚLTIMA GRABACIÓN ANTES DEL ACCIDENTE.
TROMPETA
CILINDRO DE GRABACIÓN
DIAFRAGMA
AGUJA
Asombra a tus amigos con un fonógrafo: el último y asombroso invento de Tomás A. Edison. Es realmente cierto, puedes grabar y disfrutar de la música en tu propia casa. ¿Y sabes qué? Mucho después de que un cantante haya muerto y desaparecido, ¡todavía podrás seguir oyendo su voz en el asombroso cilindro acústico!
LA LETRA PEQUEÑA
1. No es culpa nuestra si el sonido suena poco y algo cascado.
2. Cuidado, el cilindro puede partirse de un momento a otro. (Eso tampoco es culpa nuestra, ¿vale?)
1. CÓMO GRABAR TU PROPIA VOZ.
HABLA POR AQUÍ
EL SONIDO HACE VIBRAR EL DIAFRAGMA
EL DIAFRAGMA HACE QUE LA AGUJA VIBRE Y GRABE UN SURCO EN EL CILINDRO
CILINDRO QUE GIRA
2. CÓMO ESCUCHAR TU PROPIA VOZ
LOS SURCOS HACEN QUE LA AGUJA VIBRE
LAS ONDAS SONORAS DEL DIAFRAGMA SALEN A TRAVÉS DEL CONO
CILINDRO QUE GIRA
LA AGUJA HACE QUE EL DIAFRAGMA VIBRE

El fonógrafo, como fue llamado, fue un éxito rotundo. Cuando uno de los empleados de Edison llevó uno a la Academia Francesa de la Ciencia, los científicos quedaron tan emocionados que quisieron pasar el resto de la tarde jugando con él.

¡A qué no lo sabías!

Entre los fantásticos y locos inventos inspirados por el fonógrafo, hubo un reloj parlante construido por un tal Sivan, de Ginebra. El reloj contenía un fonógrafo diminuto que gritaba: «DESPIERTA, LEVÁNTATE» a primera hora de la mañana. El propio Edison inventó una muñeca parlante con un fonógrafo que decía: «Mamá» o «Papá» y contaba cuentos.

El problema era que aquellos cilindros de lámina de metal tan frágiles se partían después de usarlos un par de veces. Otros inventores diseñaron un fonógrafo que utilizaban cilindros de cera en vez de láminas de metal, y luego, después de 1888, discos sobre un plato giratorio. Había nacido el gramófono.

¡PELIGRO PARA LA SALUD!

Lo que no has de hacer nunca, nunca, es tocar ninguno de los discos clásicos de vinilo de papá. Los mayores son muy adictos a esas reliquias llenas de polvo que les recuerdan su lejana juventud. Una aguja de gramófono puede ejercer una presión de 2000 kg por cm^2. No hagas caso de este aviso y puedes estar seguro de que sentirás la misma presión en tu cabeza.

Claro que los avances de la tecnología han cambiado dramáticamente este invento desde esos lejanos y prehistóricos días cuando tus padres estaban bastante menos arrugados que hoy. Cuando alcances el éxito tendrás máquinas magníficas para tocar tus últimos éxitos. ¿Quieres saber más?

¿Te gustaría ser una estrella del pop? Cuarto paso: Máquinas de sonido serias

Una vez hayas grabado tu primer SENCILLO seguro que querrás escucharlo continuamente. Y que tus amigos lo oigan también, y puede que incluso tus papás, hámsters, etcétera. ¿Qué clase de sistema de sonido te hará quedar lo mejor posible? Sandra y Pepe vuelven para ayudarte a decidir.

¿CD O NO CD? ÉSA ES LA CUESTIÓN.
¿QUÉ?

Casete clásico

Pepe manipula su grabadora. Este aparato convierte el sonido en señales magnéticas y al revés. Parece increíble, ¿verdad?

EL SONIDO HACE QUE EL CABEZAL GRABE UNA SEÑAL MAGNÉTICA
¡GUAU!
EL MICRO RECOGE LAS ONDAS SONORAS
LA SEÑAL ELÉCTRICA FORMA UN TRAZO MAGNÉTICO EN LA CINTA

Y ahora Sandra va a demostrar lo que ocurre cuando suena una cinta.

EL TRAZO MAGNÉTICO DE LA CINTA PRODUCE IMPULSOS ELÉCTRICOS
¡GUAU!
EL AMPLIFICADOR TRANSFORMA LOS IMPULSOS ELÉCTRICOS EN SONIDOS QUE REPRODUCEN EL LADRIDO DEL PERRO

¡A qué no lo sabías!

El casete más famoso del mundo es el walkman o reproductor personal. Fue inventado por el presidente de la Sony, Akio Morita. (¡Oh, que tú ya tienes uno!) Al parecer Morita era un entusiasta del golf y aficionado a la música, y quería escucharla mientras jugaba. El resultado fue un reproductor personal o compacto con auriculares en vez de altavoz. De modo que puedes escuchar música mientras haces otras cosas.

Pepe y Sandra están investigando un CD. Un Compact Disk almacena sonidos en una serie de hoyos diminutos en su superficie. El aparato compacto los convierte en señales eléctricas, y aquí tienes lo que ocurre:

Cuando Pepe coloca un CD en el reproductor, el CD gira a una velocidad muy rápida. Y aquí tienes la parte técnica:

Mira dentro del reproductor del CD y descubrirás cómo los impulsos se convierten en sonido.

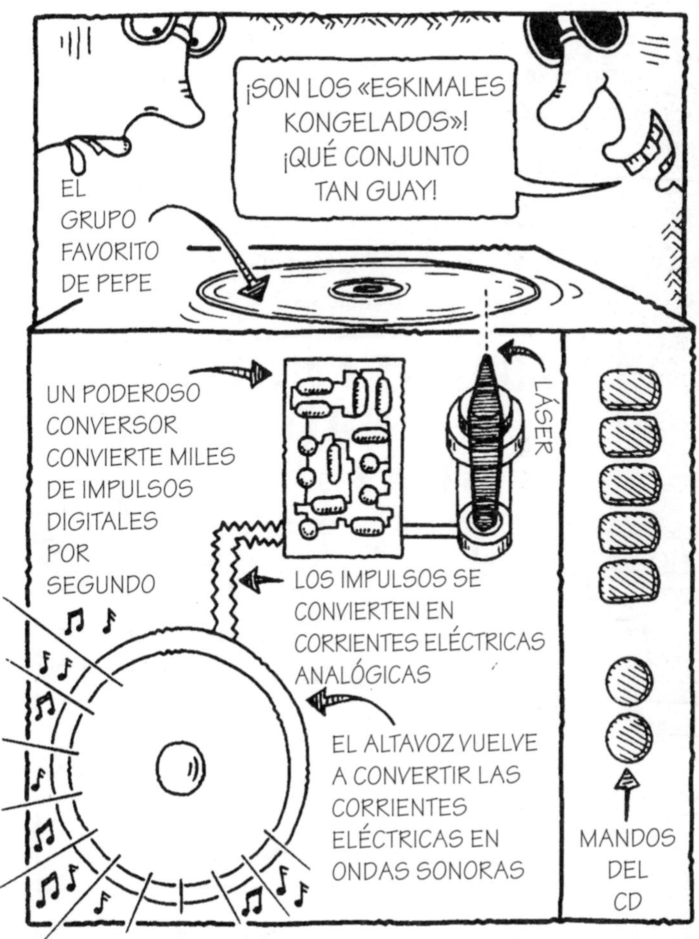

Si todo funciona, el aparato CD produce mejor calidad de sonido que la cinta. Las cintas pueden doblarse o ensuciarse, lo cual estropea la calidad del sonido. Pero el rayo láser solo lee las muescas del CD y no cualquier mota de grasa o pelusa de la superficie.

SE ACABÓ EL RUIDO

Imagínate (si puedes) un mundo sin sonido. Paz, paz perfecta, el silencio es oro, y demás. Podrías hacer la siesta sin que te despertaran y no tendrías que soportar más clases de ciencias porque el profesor estaría completamente mudo. ¿No suena perfecto? Pues espera.

Un mundo sin sonido sería también un lugar triste, sin vida, sin alegría. Como tener que ir a la escuela durante las vacaciones, sólo que PEOR. ¿Te lo imaginas?

No habrían campos de fútbol (¿te imaginas un partido en el más absoluto silencio?), ni conversaciones por teléfono, ni se contarían chistes y, definitivamente, NO habrían ruidos desagradables. Ni DIVERSIÓN. Nada más que un horrible silencio sepulcral. Que mal suena. ¿Podrías soportarlo?

Muy bien, ahora ya puedes volver a subir el volumen y disfrutar de algunos de los buenos sonidos que puedes sintonizar como...

Y cada año trae sensacionales descubrimientos sonoros. Hubo un tiempo en que la experiencia musical más emocionante que podías esperar era escuchar a tu abuelito tocando un piano desafinado y cantando viejas canciones. Hoy día puedes escuchar lo que quieras, conectarte por Internet, coger un teléfono y hablar con gente que está al otro extremo del mundo...

Pero los descubrimientos científicos no sólo son para divertirte

En estos precisos momentos, los científicos están trabajando en nuevos e increíbles descubrimientos sonoros. Descubrimientos que darán facilidades a la gente para ponerse en contacto y obtener más información. Aquí tienes algunos que ya utilizamos:

Señales sonoras supersónicas

- Las fibras ópticas envían señales en forma de destellos de luz para ser convertidas en sonidos por un teléfono. De modo que tu voz puede convertirse en un increíble código luminoso. Entonces vuelven a transformarse en ondas sonoras para que la persona que está al otro extremo del teléfono pueda entenderte.

- Los videófonos transmiten no sólo el sonido de tu voz sino también tu imagen mientras hablas. (Esto puede resultar embarazoso si alguien te llama cuando estás en el lavabo.)
- Un ordenador puede charlar contigo. Descubre cómo:

1 Alguien pronuncia palabras en un micrófono que convierte el sonido en impulsos eléctricos.

2 Estos impulsos son almacenados como códigos numéricos en la vasta memoria del ordenador.

3 Cuando el ordenador habla, los códigos numéricos se convierten de nuevo en impulsos eléctricos.

4 Y éstos se transforman en sonidos que salen por los altavoces del ordenador.

Y los sonidos pueden *mejorar* la salud de las personas.

Asombrosos sistemas de sonido en cirugía

- Descargas de ultrasonidos eliminan las piedras de los riñones. Las vibraciones rompen las dolorosas piedras, pero no dañan la carne que las rodea. ¡Uf!
- Las exploraciones con ultrasonidos pueden producir imágenes estilo SONAR de bebés (ecografías) en el interior de

TODO VA BIEN.
¡HA LEVANTADO
EL PULGAR!

sus madres. Esas imágenes pueden servir para comprobar que el bebé está bien.

A veces, la ciencia parece aburrida, y a veces ese aburrimiento puede sonar muy mal. Pero, fuera de la clase, hay un gran mundo rebosante de sonido. Un mundo enorme, excitante y vibrante lleno de vida con gritos, chillidos y ruidos espectaculares, y gracias a la ciencia es cada vez más asombroso.

El futuro se presenta de lo más excitante, ¿no?